谢哲城　高亦珂　著

小庭院设计零距离

机械工业出版社

CHINA MACHINE PRESS

本书介绍了小尺度庭院景观设计的原理、流程和方法，分为4篇24章："庭院植物篇"从植物学和生态学角度出发，梳理不同植物观赏特点、习性以及群落规律，帮助读者获得基础知识框架；"庭院分析篇"从测量和分析庭院开始，帮助读者了解庭院，并规划庭院分区、视线、动线；"庭院设计篇"按照设计步骤依次介绍构图、硬质景观、植物景观、装饰景观等深化设计内容；"庭院案例篇"给出了8个受大众喜爱的庭院风格案例，帮助读者了解不同空间、风格、功能的庭院设计方法。

本书是著者在调查国内外上百个私家庭院之后的总结，紧贴中国庭院市场需求，也具有世界眼光，并直面目前中国庭院出现的典型问题。书中凝聚了著者超过10年的研究结果，内容兼具科学性和实用性。相比同类书籍，本书侧重介绍"植物设计"的内容，以通俗易懂的语言梳理了植物设计的原理和方法。使用手绘图的方式，也使得本书阅读起来赏心悦目。本书目标受众为庭院设计师、花园业主、园艺爱好者、大专院校学生等。

图书在版编目（CIP）数据

小庭院设计零距离/谢哲城，高亦珂著. —北京：机械工业出版社，2020.10（2022.1重印）
ISBN 978-7-111-66282-2

Ⅰ.①小⋯　Ⅱ.①谢⋯②高⋯　Ⅲ.①庭院—园林植物—观赏园艺　Ⅳ.①S688

中国版本图书馆CIP数据核字（2020）第144638号

机械工业出版社（北京市百万庄大街22号　邮政编码100037）
策划编辑：时　颂　责任编辑：何文军　时　颂
责任校对：常筱筱　封面设计：鞠　杨
责任印制：孙　炜
北京华联印刷有限公司印刷

2022年1月第1版第2次印刷
169mm×239mm · 13.5印张 · 338千字
标准书号：ISBN 978-7-111-66282-2
定价：89.00元

电话服务 网络服务
客服电话：010-88361066　机　工　官　网：www.cmpbook.com
　　　　　010-88379833　机　工　官　博：weibo.com/cmp1952
　　　　　010-68326294　金　书　网：www.golden-book.com
封底无防伪标均为盗版　机工教育服务网：www.cmpedu.com

前言
Preface

　　若是没有置身自然的闲情，在城市中如何获得比拟自然的"快乐"呢？我们的答案是：植物。草莓在口中散发出的香甜，走进丛林时的沁人清香，雨打芭蕉叶的淅沥，月季攀附篱墙的迤逦，白墙上婆娑摇曳的竹影，多肉叶片肥厚圆润的触感，都能给人们带来不同的"兴奋"。不同的植物配置在一起，能使人将不同的"兴奋感"组合在一起，把我们带入沉浸式的空间享受。

　　植物景观带给人的兴奋感是能持续、细水长流的。假使没有半亩庭院，哪怕是三尺阳台，也能利用植物造出一座"花园"。那些最让人兴奋的植物，被种植在房前屋后，便成为如今所谈论的"庭院植物"。

　　很多庭院植物"利用"人类，使得自己适生范围越来越广，变异组成越来越丰富。比如中国鹅掌楸和北美鹅掌楸在人类的帮助下跨越山海完成了杂交，其后代杂种鹅掌楸具有明显的杂种优势，生长迅速、适应平原能力增强且无早落叶的现象。在人类的帮助下，这些植物得以广泛杂交、固定性状变异，形成了千变万化的品种。甚至它们不再"讨好"昆虫去帮助它们授粉，不再等待一阵风吹散它们的种子，它们只需要去"讨好"人类，便能完成传递基因的使命。原产中国的月季，如今在世界各地的庭院中绽放；原产中国的猕猴桃，在大洋彼岸的新西兰安家……这些故事如出一辙，并且仍在发生着。

　　而本书之重点正是营造庭院最重要的环节——植物设计。

　　对于园艺家而言，不同的植物也会产生不一样的感受，比如木本植物的稳定厚重，草本植物的轻盈多姿，藤蔓植物的优雅盘绕，球根植物的明亮素雅，还有水生植物的摇曳荡漾。此外，还要考虑到色彩搭配、点线面的组合、光影、构图、留白等技巧。

　　不同于其他设计门类，植物设计是一门关于生命的艺术。植物也像人类一样，有自己的脾气，有的怕冷，有的怕热；有的不喜欢晒太阳，有的对阳光有着执着的狂热；有些怕水，又有些离开水就不能活；更有甚者彼此之间相互讨厌，若把它们栽在一起便争个你死我活……我们在进行植物设计时，不能随心所欲。营建一个宜人的庭院要听懂植物的语言，为它们提供适宜的环境，植物才能回报我们。

因为植物是有生命的，所以植物设计更是一门动态的艺术。植物呈现给我们的景观不是一成不变的，它会随四季变化，随年龄变化，还会随环境变化而变化。我们需要用动态的眼光去面对植物设计，比如说考虑到每个季节的景观、提前预留出植物的生长空间等。千万别忘了，在设计庭院时，"时间"是除你之外的另外一个设计师，时刻在意这位"设计师"的想法，会让你的设计更加出彩。

植物设计还是一种可以调动人的所有感官的艺术。设计师不能只考虑植物景观在视觉上的美观，还要考虑到嗅觉、味觉、听觉和触觉的感受。植物的芬芳、声响，及其营造的光影变化，都是艺术的一部分。而凌驾于这五感之上的是"感觉"，也就是庭院的"韵味"，是画外之笔、弦外之音。能否精准表达出"感觉"，或许是判断一个植物设计师优秀与否的标准之一。

大自然无疑是当之无愧的植物设计大师。我们应谦虚地向大自然学习，去尝试、感悟、理解自然植被。另外，学习其他人的经验也很重要，这可以使你在设计中少走弯路，最快速地享受到庭院带给你的乐趣。但也千万不能过分迷信他人告诉你的经验！因为每一个庭院的环境条件都是不同的，这种小气候的差异会具体到庭院的每一个角落。别人的经验不一定适用你的庭院，自己实践积累的经验更宝贵。

本书撰写过程中，曾得到诸多好友、同门的帮助和支持。其中"庭院植物篇"部分手绘图由吴学峰绘制，"庭院分析篇"部分手绘图由刘烨、吴学峰、喻言绘制，"庭院设计篇"部分手绘图由喻言、徐俊绘制。上述好友同时也参与了本书的校审、工作，特此感谢。

本书希望能够由浅入深，一步一步地帮助你设计自己理想的庭院，尽量少走弯路。不似其他的庭院设计书，本书不会给大家展示很多的成品案例供参考，因为我们相信，授之以鱼不如授之以渔。什么样的设计最适合你的庭院，还请诸君自行探索。

因为啊，探索的过程，不就是庭院设计最大的乐趣吗？

谢哲城

目录 Ccontents

庭院植物篇

导言

　　好的庭院设计就像是拿着一台相机，无论是拍摄庭院的整体、局部还是细节，得到的照片都是让人满意的。正是这种从宏观到微观的多层次的体验，使得庭院充满着无穷的魅力。为了达到这样的效果，除了熟悉庭院的环境外，还要熟知所选的植物。

　　熟知一种植物，既要了解它的观赏特点，也要掌握其生态习性。不同植物的叶片、花朵、姿态以及气味，表达出的特点不同，给观者带来不一样的感受。千万不要忽视植物细节带来的影响，它们能够潜移默化地影响着整个庭院的气质。除了形态，不同植物的生态习性存在很大差异，只有给植物需要的，它们才能枝繁叶茂地回报我们。

　　本篇将从植物的叶片、花朵、气味和树形等几个方面开始，详细阐述不同颜色、形状、质感和气质的植物，给庭院带来的影响。而当你想要具体打造具有某种特色的庭院时，也可以从"植物篇"中找到对应的植物，并学习它的生态习性。即使熟知每一种植物的生态习性，但不同植物之间依然会相互影响。所以，本篇还将简单介绍群落生态学的内容，让你可以从生态的角度设计庭院植物景观。

植物介绍说明

中文名 ←	日本五针松
拉丁名 ←	*Pinus parviflora*
科属 ←	松科松属
耐寒区 ←	8-10 　☆☆☆　　 ᐃ

"☆"代表植物对光照的需求 ←

"ᐃ"代表植物对水分的需求 ←

观赏特性及应用方式简述 ← 株高 2~5m（原产地可达 30m），常绿灌木或小乔木。树姿美丽，叶片因有明显的白色气孔线而呈蓝绿色。是打造日式庭院、制作造型盆景常用的材料，也是珍贵的庭院观赏树种，栽培品种很多。

原产地、生态习性、栽培繁殖特点简述 ← 原产日本南部，喜光照充足的环境，但也耐荫。不耐寒，也不耐湿热，在中国长江流域以及青岛等地可以栽培。因结实不正常，常用嫁接繁殖。生长速度较慢，能够长期保持稳定的景观。

第1章
叶

相对于花而言，庭院中植物的叶常被忽略。但在庭院中，植物的叶无论是在数量上还是在时间上，都比花数量更多、观赏期更长。所以，叶才是为庭院提供色彩和生机的主角。从这个角度看，叶要比花重要得多。植物叶片的质感、形状、大小和颜色等特点将影响庭院植物景观的整体效果，甚至改变庭院的基调和气质。

1.1 叶是什么？

在介绍植物叶片对庭院的影响之前，首先要掌握叶片的结构。植物的叶可分为单叶（图1-1）和复叶（图1-2）两种。

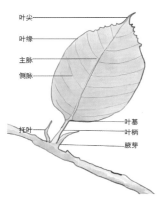

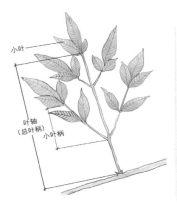

图 1-1 单叶示意   图 1-2 复叶示意

小贴士

在实际观察时，新手会把单叶与复叶上的小叶弄混。区别的要点是：单叶的叶柄基部存在腋芽，而复叶上的小叶叶柄基部没有腋芽，但整个复叶在总叶柄基部存在腋芽。

1.2 叶的形状

人们总是对自己习以为常的事物感到审美疲劳，对与众不同的事物感到兴趣盎然。因此，越奇特、越罕见的叶形叶色就越能激起人们的兴趣。作为庭院的底色，叶片选用深绿、浅绿、蓝绿，甚至黄绿色的叶色的植物，形成的庭院气质不同。

1.2.1 针叶树

针叶树指叶片细长如针的植物，以松科、柏科、杉科中的裸子植物为代表。许多针叶树长寿而常绿，四季景观稳定，象征不朽和常青。纪念碑周围、陵园等场合的植物景观都以针叶树为基底——这也使很多人对针叶树有偏见。但放下偏见，就能发现针叶树家族中不乏树姿优美、色彩艳丽的种类。其树形挺拔、四季常青、生长缓慢等特点，尤其适合作为庭院骨架，增加庭院林冠线的节奏变化（图1-3）。

图 1-3 针叶树景观

日本五针松 *Pinus parviflora*

柏科松属
8-10
☼☼☼
◊

株高 2~5m（原产地可达 30m），常绿小乔木。树姿美丽，叶片因有明显的白色气孔线而呈蓝绿色，是打造日式庭院、制作造型盆景常用的材料，也是珍贵的庭院观赏树种，栽培品种很多。

原产日本南部，喜光照充足的环境，但也耐荫。不耐寒，也不耐湿热，在中国长江流域以及青岛等地可以栽培。因结实不正常，常用嫁接繁殖。生长速度较慢，能够长期保持稳定的景观。

水杉 *Metasequoia glyptostroboides*

杉科水杉属
6-9
☼☼☼
◊

株高 10~15m（成年可达 40m），落叶乔木，仅适用于面积较大的庭院。叶淡绿色呈羽状排列，秋季，叶色变为金黄色，十分壮观。水杉是湿地、水边的重要观赏树种，其尖塔形的树形可以显著丰富庭院的林冠线变化。

喜光照充足的环境，喜温暖气候及湿润、肥沃而排水良好的土壤。耐寒性、适应性较强，酸性、石灰性及轻盐碱土上均可生长。生长速度适中。

铺地柏 *Juniperus procumbens*

株高 50~80cm，常绿匍匐灌木，小枝端部不上翘，看起来十分匍匐，观赏性较沙地柏要好。叶全为刺叶，呈翠绿色（夏季）或灰绿色（冬季）。是布置岩石园、覆盖地面和斜坡的良好材料。

喜光照充足的环境，稍耐荫。原产日本，喜滨海气候，在庭院中栽植在水边可以使得叶色青翠。适应性强，不择土壤，但在排水良好处生长最好。耐寒性稍差，在北京需要小气候保护。生长速度适中。

柏科刺柏属
7-9
☼☼☼
◊

沙地柏 *Juniperus Sabina*

柏科刺柏属
5-9
☼☼☼
◊

株高 50~100cm，又名叉子圆柏，常绿匍匐灌木，小枝端部常上翘，不如铺地柏匍匐。幼树常为刺叶，壮龄树几乎全为鳞叶，时常看到一株上有两种叶型，这是区别沙地柏与铺地柏的特征。叶色呈暗绿色（夏季）或灰绿色（冬季），是布置岩石园、覆盖地面和斜坡的良好材料。可用于庭院外以隔离路人。

喜光照充足的环境，但也耐荫。耐寒，耐干旱。生长速度适中。

矮紫杉 *Taxus cuspidata* 'Nana'

红豆杉科
红豆杉属
2-10
☼ ◊

株高 1~2m（成年可达 10m），常绿灌木。枝叶繁茂，深绿色。种子鲜红色，十分可爱。

为阴生树种，可栽植在林下或建筑北侧。耐寒性较强，在东北也能够生长良好，冬季依然保持常绿。但因苗木稀少，价格高昂。喜欢冷凉湿润气候，以及肥沃湿润而排水良好的酸性土壤。生长速度较慢。

粗榧 *Cephalotaxus sinensis*

红豆杉科
三尖杉属
7-9
☼ ◌

株高 1~2m（成年可达 10m），常绿灌木。叶扁线形，呈羽状排列，叶色油绿有光泽，摸起来十分柔软，不似一般针叶树给人的感觉。

耐荫性强，可栽植于林下或建筑北侧。耐寒性适中，在北京能够生长良好，冬季保持常绿。喜欢温凉湿润的气候，栽植在水边能够形成青翠欲滴的状态。生长速度适中。

蓝粉云杉 *Picea pungens*

松科云杉属
4-7
☼☼☼ ◌

株高 3~5m（成年可达 30m），常绿乔木。又名科罗拉多蓝杉，针叶具 4 棱，硬而尖，长 3cm。因叶片上具有白粉，所以远观呈蓝绿色或灰蓝色。在众多绿色树木中，这种蓝灰色是十分引人注目的，可以作为焦点景观存在。

喜光照充足的环境。耐寒，耐干旱，抗空气污染。生长速度较慢。

金边云片柏 *Chamaecyparis obtusa* 'Breviramea Aurea'

株高 1.5~5m，常绿乔木。树冠尖塔形，小枝片水平伸展，先端呈金黄色，层层叠叠似云片。

柏科扁柏属
7-10
☼☼☼ ◌

日本扁柏有许多彩叶栽培品种，如叶黄绿色的孔雀柏（'Tetragona'），叶黄色的金孔雀柏（'Tetragona Aurea'）、金凤尾柏（'Filicoides Aurea'）等。此外，日本扁柏的叶片常用于制作精油。

喜光照充足的环境，但也较耐荫。不耐寒，适合长江流域及以南地区栽培。喜凉爽湿润气候及湿润、肥沃、排水良好的土壤。根系较浅，避免栽植于风口。生长速度较慢。

1.2.2　阔叶树

1. 卵形、椭圆形和披针形叶片

卵形、椭圆形和披针形均以椭圆形为基本形，但叶片长宽比和最宽处位置略有不同（表 1-1）。这些形状的叶片广泛存在于自然界中，但辨识度低，难以引起人们的视觉兴趣。但这些植物可能在开花结果等方面有着出色的表现，要综合考虑这类植物的效益。

表1-1 以椭圆形为基本型的叶形

长宽比 最宽位置	1:1~2:1	2:1~4:1	4:1~5:1
中部以上	倒阔卵形（玉兰）	倒卵形（海桐）	倒披针形（枇杷）
中部	阔椭圆形（花叶橡胶榕）	椭圆形（冬青卫矛）	长椭圆形（鸡蛋花）
中部以下	阔卵形（紫苏）	卵圆形（鸡麻）	披针形（桃）

海棠类 *Malus* spp.

蔷薇科苹果属
5-8
☆☆☆☆
◁

株高3~5m（成年可生长至9m），落叶小乔木。枝条红褐色，垂直生长，使得树形看起来十分峭立。叶椭圆形至卵状椭圆形。仲春开花，初秋树上结满红色果实，十分好看。古典园林中常与玉兰同栽象征"玉堂富贵"。常见的海棠品种有花粉色重瓣的'重瓣粉'（'Riversii'），是华北地区庭院最常栽培的品种；花白色重瓣的'重瓣白'（'Albiplena'）；果用为主的八棱海棠（*Malus*×*robusta*），其果实酸甜可口，主要在北京、河北栽植。目前中国从美国和欧洲引进了大量的海棠栽培品种，有树形特别的'雪球'，有花果兼用的'道格'等。

喜光，光照不足则开花结实欠佳。耐寒也耐旱，是华北、华东庭院常用的庭荫树。忌涝，喜疏松肥沃、排水良好的土壤。生长速度较快，要适时进行修剪，以保证开花和结实。

枇杷 *Eriobotrya japonica*

蔷薇科枇杷属
8-10
☆☆☆☆
◁

株高成年后可达10m，常绿乔木。叶长椭圆状倒披针形，表面脉深陷。初冬开白色花，芳香，成顶生圆锥花序。果近球形，橙黄色，酸甜适口。

喜光，但也稍耐荫。喜温暖湿润气候，不耐寒。喜肥沃湿润且排水良好的中性酸性土。生长速度较快。

皱叶荚蒾 *Viburnum rhytidophyllum*

忍冬科荚蒾属
7-9
☆☆☆
◁

株高2~4m，常绿灌木或小乔木。叶卵状长椭圆形，表面深绿色，皱而又光泽。花冠黄白色，初夏开花。秋季结红色小果，随后变为黑色。冬季叶片常绿，是北京地区难得的常绿阔叶树种。此外，还有粉花'Roseum'的品种，花呈深粉红色。

喜光，但也耐半荫。具有一定的耐寒性，在北京能够露地过冬，但最好栽植在小气候温暖的地方。生长速度较快。

2. 圆形和心形叶片

圆形叶片的叶片长宽近等，但叶基处不凹陷，如黄栌、猕猴桃、旱金莲、荷花等。心形叶片也是长宽近等，但在叶基处叶缘内凹，如紫荆、椴树、紫丁香、楸树、梓树、黄金树、连香树、珙桐等（表1-2）。这类形状的叶片有着圆润的曲线，具有较强的装饰感。在庭院中适当使用圆形或心形叶片植物，可营造优雅、明快、温暖的氛围。

表 1-2 以圆形和心形为基本型的叶形

长宽比 最宽位置	长小于宽	长宽近等或长大于宽	
中部以上	无	倒心形（叶尖凹陷）	
中部	无	圆形（叶基不凹陷）	盾形（叶柄在中央）
中部以下	肾形（叶基凹陷）	心形（叶基凹陷）	

圆形叶片与卵圆形和椭圆形叶片类似，引起人们的注意力有限，快速经过时易忽略。给予这类植物视线停留的机会，它们会从一众平凡的植物中跳脱出来。因而适合栽植于庭院中可停留驻足的地方，比如休憩区（图1-4）。

图 1-4 圆形叶片的睡莲和王莲

黄栌 *Cotinus coggygria* var. *cinerea*

漆树科黄栌属
6-8
☼☼
◬

株高 1.5~3m（成年后可达 8m），落叶灌木或小乔木。叶卵圆形，秋色叶红艳壮观，是形成香山红叶景观的主要树种。5~6月开花，远观朦胧如烟、如霞蔚，故又名"烟树"。此外，还有常年异色叶的'紫叶'（'Purpureus'）和'金叶'（'Golden Spirit'）黄栌品种。

喜半荫环境，但也稍耐荫。喜干燥环境，但在秋季时，适当提高的湿度有利于红叶的发育。生长速度较快。

中华猕猴桃 *Actinidia chinensis*

落叶藤木。叶片浑圆可爱，可攀爬于廊架之上。初夏开花，初开时为白色，而后变为橙黄色，花朵美丽而芳香。秋季果熟，果实清甜且富含维生素。

喜光，但也稍耐荫。喜温暖气候，在长江流域及以南地区生长良好，但也具有一定的耐寒能力，在北京小气候良好处亦可露地栽培。生长速度较快。需要注意的是，猕猴桃为雌雄异株植物，需要至少同时栽植雄株和雌株才能结出果实。

猕猴桃科
猕猴桃属
6-10
☆☆☆☆   △

旱金莲 *Tropaeolum majus*

旱金莲科
旱金莲属
2-10
☆☆☆☆   △

草质藤本，北方作一二年生植物栽培，长江以南地区可作宿根植物栽培。叶片似荷叶。有黄色、紫色、橘红色花等品种，盛夏开花，配上圆形叶片看起来十分可爱。可以绑缚在廊架上，亦可匍地生长。

喜光照充足环境，但不耐暴晒，夏季气温超过30℃时不易开花。不耐寒，在北方可春播或秋播（秋播在室内育苗，春季移至室外）。在生长季需要适时修剪，以避免叶片过密。生长速度较快。

珙桐 *Davidia involucrata*

蓝果树科
珙桐属
7-9
☆☆☆☆   △

株高 2~4m（可达 20m），落叶乔木。叶片轻薄飘逸。4月开花，头状花序上的白色苞片随风摇曳，远观似满树白鸽，又名"鸽子树"，象征着圣洁与和平，是世界著名的观赏树种，也是中国特产的孑遗物种。

幼苗喜阴湿，而成树喜光照充足、凉爽湿润的环境。不耐寒，在北京需要栽植在背风向阳、小气候良好的地方。不耐瘠薄，也不耐干旱，是比较"娇气"的庭荫树。幼苗生长速度较缓慢。

3. 羽状叶片

羽状叶在外观上似羽毛，又可分为羽状裂叶和羽状复叶。羽状裂叶指一片单独的叶子叶缘深裂成羽毛状（表1-3）。羽状复叶则是由多个小叶组成的，在叶轴两侧交替排列成羽毛状（表1-4）。羽状叶通过减少叶面的面积，以减小风、雨施加在叶片上的阻力。常见的羽状叶分类及植物种类见表1-5。

表 1-3　羽状裂叶的类型

叶裂深度不足 1/2	叶裂深度超过 1/2，但不及叶柄	叶裂至叶柄
羽状浅裂	羽状深裂	羽状全裂

表 1-4 羽状复叶的类型

回数 复叶先端小叶数	一回羽状复叶	二回羽状复叶	三回羽状复叶
1枚（奇数）	一回奇数羽状复叶	二回奇数羽状复叶	三回奇数羽状复叶
2枚（偶数）	一回偶数羽状复叶	二回偶数羽状复叶	不常见 三回偶数羽状复叶

表 1-5 常见的羽状叶分类及植物种类

分类		植物种类
羽状裂叶	种子植物	粗榧、苏铁、羽叶薯
	蕨类植物	杪椤、肾蕨、荚果蕨、蹄盖蕨、分株紫萁、碗蕨、多育耳蕨、 圣诞耳蕨、棕鳞耳蕨、红盖鳞毛蕨、单芽狗脊蕨
羽状复叶	一回羽状复叶	华北珍珠梅、刺槐、国槐、臭椿、香椿、皂荚、散尾葵、 椰子、海枣、火炬树
	二回羽状复叶	合欢、凤凰木、蓝花楹、栾树、肥皂荚
	三回羽状复叶	南天竹、牡丹、苦楝（2~3回）、楤木（2~3回）

　　修长的叶片、别致的秩序感赋予这类叶片舒展、大方的印象。西晋嵇康曾云："合欢蠲忿（juān fèn），萱草忘忧。"即古人认为合欢与萱草都具有平息心情、清解愤懑的效果。这主要是因为盛夏燥热的天气使人们容易积郁，而萱草和合欢花期皆开于此时。且萱草轻柔的条状叶片与合欢舒朗平整的羽状复叶，或许都有平抚燥郁的效用（图 1-5）。

图 1-5 合欢

叶片较长的羽状叶植物如桫椤、椰子、海枣、散尾葵等，看起来轻盈飘逸，让人联想到椰影摇曳的热带海岛，容易营造出休闲度假的氛围，适合栽植于视线焦点、道路两侧、窗前、墙隅。叶片细碎短小的植物如肾蕨、凤凰木、蓝花楹等，看起来隐约朦胧，透露出浪漫暧昧气氛，比较适合栽植于水面旁、长视线的末端或干净的墙前，烘托其朦胧之感（图1-6、图1-7）。

图1-6　桫椤（左）与凤凰木（右）

图1-7　羽状叶的假槟榔带来的度假氛围

桫椤 *Alsophila spinulosa*

桫椤科
木桫椤属
9-11
☼ ◐ ◁

株高2~3m，常绿树状蕨类植物。其大型的三回羽状深裂叶片让人过目难忘。原产于中国热带地区，容易营造出热带氛围。桫椤是中国一级重点保护树木，目前已有人工繁育桫椤的技术，因此切莫违法购买、挖掘野生桫椤。

喜半荫环境，适用于阴生花园。喜暖湿气候，湿润、疏松、肥沃的土壤对其生长有益。不耐寒，仅适合华南、西南地区露地栽植，在北方可以盆栽观赏。生长速度较慢。

荚果蕨 *Matteuccia struthiopteris*

球子蕨科
荚果蕨属
2-7
☼ ◁

株高70~100cm，落叶蕨类植物。不同于南方温暖湿润的气候，干燥寒冷的北方可用的蕨类植物并不多，荚果蕨是这其中景观表现最好的一种。其叶片二回羽状深裂，叶片展开后呈鸟巢状，是北方庭院想要营造热带或休闲景观不可或缺的植物材料。

喜荫，也可栽植在半荫处，但不可栽植于全阳环境下。耐寒，喜凉爽湿润的环境，宜栽植于水边、树下。生长速度较快。

香椿 *Toona sinensis*

楝科香椿属
5-9
☼☼☼ ◁

株高3~5m（可达25m），落叶乔木。树干通直，冠大荫浓，一回羽状复叶十分舒展，可作庭荫树。香椿的嫩芽为紫红色，相比起观赏价值来说，这种嫩叶的食用价值更高，为了方便采摘，通常要控制植株高度，在春季可以采食3茬。

喜光，喜肥沃土壤，较耐水湿。具有深根性，萌蘖性很强。除此之外，香椿生长速度较快，还具有很强的自播能力，容易泛滥，所以最好将其栽植在树池内，树池周边做硬化处理。

紫叶合欢 *Albizia julibrissin* 'Purple leaf'

株高 3~5m（可达 16m），落叶乔木。树冠开张，复叶如羽毛一般，看起来十分的舒展。盛夏繁花满树，花丝细长如缨，夜合昼展，轻盈可爱。相比原种，该品种夜色常年紫红色。适合作为庭荫树，为庭院增加浪漫、雅致的气息。

豆科合欢属
6-10
☼☼☼
◬

喜光，较耐寒，耐干旱瘠薄和沙质土壤，但不耐水湿，最好栽植在排水良好的沙质壤土之中。生长速度适中。

4. 掌状叶片

掌状叶片分为掌状裂叶和掌状复叶。掌状裂叶是叶缘裂成手掌一般的形状，以槭属植物为代表。掌状复叶是由多个小叶组成，以一个点为中心向外发散排列成掌状（表 1-6）。

表 1-6 掌状叶类型

裂片或小叶数量	裂叶			复叶
	叶裂深度不足 1/2	叶裂深度超过 1/2 但不及叶柄	叶裂至叶柄	
3 枚	三出浅裂	三出深裂	三出全裂	掌状三出复叶
5 枚及以上	掌状浅裂	掌状深裂	掌状全裂	掌状复叶

掌状叶片有强烈的几何感，装饰效果强，能充分引起人们注意，因而适合栽植在庭院的视线焦点处。以色彩干净的墙面、水面、天空作为背景，能够突出掌状叶片的精致感。栽植于庭院墙角或转角，能让角落景致变得精彩，营造出具有禅意的氛围。常见的掌状叶分类及植物种类见表 1-7。

表 1-7 常见的掌状叶及植物种类

分类	植物种类
掌状裂叶	鸡爪槭、元宝槭、舞扇槭、羽毛槭、假色槭、花楷槭、茶条槭、鹅掌楸、悬铃木、葡萄、八角金盘、无花果、熊掌木、常春藤
掌状复叶	七叶树、鹅掌柴、海桐、五叶地锦、木通、刺五加、荆条

鸡爪槭 *Acer palmatum*

株高 3~6m（可达 15m），不同品种之间存在差异，为落叶乔木。叶片掌状裂，叶形优美，秋色叶为红色或古铜色。树冠开张，树姿雅致，非常适合作庭荫树。此外，还具有非常多常年异色叶，如常年红色叶的红枫（'Atropurpureum'）、'血红'（'Blood good'），金黄色叶的'金叶'（'Aureum'）、'金贵'（'Katsura'）；及其他叶形变化，如叶片羽状细裂的羽毛枫（'DissectumOrnatum'）、线状深裂的'琴丝'（'Koto-no-ito'）的品种，是打造日式庭院不可或缺的植物之一。

无患子科
槭树属
5-9
☆☆☆ △

喜光，喜温暖湿润气候。不同品种之间耐寒性会有差异，但原种的耐寒性相对较强。生长速度适中。

假色槭 *Acer pseudo-sieboldianum*

无患子科
槭树属
2-7
☆☆☆ △

株高 3~5m（可达 8m），落叶小乔木。叶片掌状 9~11 裂，颇为精致。假色槭的高度较低，树姿优美，错落有致，夏季开花时呈顶生伞房花序，花朵为紫色，加之秋色叶红艳，具有丰富的季相变化，适合栽植于庭院之中作为焦点。

喜光，但也稍耐荫。耐寒，东北三省亦可使用。喜温凉湿润的气候，栽植于水边效果更好，也有利于秋色叶的发育。耐干旱，也耐瘠薄土壤。生长速度适中。

茶条槭 *Acer ginnala*

无患子科
槭树属
2-8
☆☆☆ △

株高 3~5m（可达 9m），落叶小乔木，常成灌木状。茶条槭的叶片多为 3 裂，在秋季变为红色，翅果在成熟前为红色。

喜半荫环境，耐荫性较好，是阴生花园可用的槭树种类。耐寒，东北三省亦可使用。具有深根性，萌蘖性强。生长速度较快。

八角金盘 *Fatsia japonica*

五加科八
角金盘属
7-10
☆☆ △

株高 1~1.5m（可达 5m），常绿灌木。叶片大，掌状 7~11 深裂，看起来整齐大方，充满热带气息。秋季 10~11 月开花，来年 4 月果熟。果实呈伞形花序聚生，颇为可爱。八角金盘的装饰效果很强，还有很多彩叶品种。

喜半荫环境，耐阴性较好，适用于阴生花园。不耐寒，在长江流域及以南地区可以陆地栽培，但在北京小气候良好的地方也可以保护过冬，亦可盆栽。要求土壤排水良好。生长速度较快。

熊掌木 *Fatshedera lizei*

五加科熊
掌木属
8-10
☆ △

常绿藤本。叶革质，掌状 3~5 裂。可作为阴生花园的藤本植物和地被植物使用。

喜荫，喜冷凉湿润环境，可耐 3℃低温，不择土壤，抗污染。同时抗海潮风，可栽植于海边庭院。生长速度较快。

5. 线形、剑形叶片

线形和剑形都是指叶片长为宽的 5 倍以上的叶片，但线形叶片较狭长，从叶基部到叶尖部宽度几乎相等；而剑形叶片稍宽，叶先端尖，形似剑（表 1-8）。线形、剑形叶植物种类见表 1-9。

表 1-8　线形、剑形叶片类型

长宽比　　叶片最宽处	叶基到叶尖宽度几乎相等	中部稍宽	叶尖部稍宽
5:1 及以上	线形	剑形	匙形

表 1-9　线形、剑形叶植物种类

种类	植物种类
线形叶	马蔺、西伯利亚鸢尾、香蒲、萱草、观赏草中的芒类、针茅类、羊茅类等
剑形叶	鸢尾、射干、水鬼蕉、百子莲、独尾草、大花葱、凤尾丝兰、箱根草等

线形叶和剑形叶植物的代表是各类单子叶植物。细长、轻盈的叶片，赋予它们柔软、飘逸的特质（图 1-8）。这使得它们能成为百搭的配景植物，与水景搭配起来有种天然而温柔的和谐感，与石材、建筑等硬质元素搭配时能形成软与硬、实与虚的对比来互相映衬，看起来颇为有趣。

图 1-8　箱根草

萱草类 *Hemerocalis* spp.

株高 0.5~1m，宿根植物。叶片条状，花期在盛夏 5~8 月，是庭院盛夏少花时节的焦点。点植于置石、转角、台阶旁，未开花时也很清秀可爱。萱草别名"忘忧草"，古时也写作"谖草"。《诗经》中有"焉得谖草，言树之背"（"背"同"北"，即北房），意思是我将不知从何而来的萱草栽植于母亲所住的北房前，望其能够解母之忧。一些萱草品种还具有连续开花的特性，如著名的萱草品种'金娃娃'，花期可从五月底持续至秋季，其他连续开花品种如'纤带'（'Delicate Lace'）、'早常'（'Early and Often'）、'五月梅'（'May May'）、'云间阳光'（'Sunshine on Clouds'）等。萱草属中的植物单花花期一天，其中除北黄花菜、黄花菜、小黄花菜是傍晚开花、清晨凋谢以外，其余种类均为凌晨开花、傍晚凋谢。之所以可以看到萱草在花期一直有花，是因为它单个花序上有很多的花蕾，顺次接连开花，而延长了花期。这种"朝花夕拾"的特点可以赋予庭院昼夜变化的趣味。

阿福花科
萱草属
2-10
☼ ◁◁◁

喜光也耐半荫，耐寒也耐热。适应性强，不择土壤，但以富含腐殖质、排水良好的湿润土壤为宜。生长速度快。

香蒲 *Typha orientalis*

香蒲科香蒲属
2-11
☼☼☼
△△△

株高 0.4~1m，宿根挺水植物。叶片条状，株形挺拔松散。花期在盛夏 5~8 月，雌雄花序紧密连接（雄花序在上，雌花序在下），其中雌花序是主要的观赏部位，形似棕褐色的香肠，是庭院中景观独特的水生植物。

喜光也耐荫，耐寒也耐热。在庭院中可应用于水景之中，是颇具仲夏气息的一种植物。生长速度快。

雪滴花 *Leucojum vernum*

石蒜科雪
滴花属
8-10
☼ △

株高 0.1~0.3m，球根植物。叶片条状，株形矮小松散。花期在早春 3~4 月，钟形花冠下垂，白色，每个花瓣裂片先端有一个绿点，似芭蕾舞裙，玲珑可爱，十分适合栽植于台阶两侧。

喜光，但也耐半荫，在春季需给予充足阳光，在夏季炎热时需遮荫，所以最好栽植在落叶乔木下方。喜凉爽湿润的环境，不耐寒，也畏酷热，在长江中下游地区可以露地越冬。喜欢富含腐殖质的肥沃土壤，栽植前需施基肥。生长速度快。

西伯利亚鸢尾 *Iris sibirica*

鸢尾科
鸢尾属
2-9
☼☼☼ △

株高 0.8~1.2m，宿根植物。叶片条状，株形挺拔紧凑。在每年 4~5 月开花，花色以白色、蓝色、紫色为主，品种多，颜色丰富。在庭院中可点缀于山石、水景、建筑旁，颇为素净，也可以作为花境中的竖线条植物，是北方地区在打造日式庭院时常用的花材。

喜光也耐荫，耐寒也耐热，不择土壤，在浅水、湿地、林荫、旱地均能生长良好，且抗病性强，是鸢尾属中适应性较强的一种。生长速度快。

6. 特异形状叶片

叶形奇异的植物最能够引起人们的兴趣，因而可以作为庭院的焦点。尤其适合栽植在庭院中有透窗、月门等视线收窄的区域之后，形成框景，以激发观者的探索欲望。这类植物如鹿角蕨（鹿角状）、慈姑（箭头形）、田旋花（戟形）、银杏（扇形）、鹅掌楸（马褂形）、芭蕉（长圆形）、菩提（三角状卵形，叶尖尾状下垂）、乌桕（菱形）、槲栎（叶缘波状）、蒙古栎（叶缘波状）、羊蹄甲（羊蹄形）、琴叶榕（提琴形）、鱼尾葵（鱼尾形）等。

银杏 *Ginkgo biloba*

株高 6~10m（可达 40m），落叶乔木。叶片扇形，树姿雄伟，幼树通常呈尖塔形，可增强林冠线的节奏感。秋色叶金黄色。需要注意的是，银杏为雌雄异株植物，雄株枝条开张角度较小，看起来树形挺拔，不结实；雌株开张角度较大，成年可成伞形树冠，可结实。银杏的"果实"具有金黄色的肉质外种皮，包裹着"白果"。但其肉质外种皮具有令人不愉快的气味，为了保持庭院整洁，可以选择雄株栽植在庭院之中。

银杏科银杏属
2-10
☼☼☼ △

喜光，耐寒，适应性颇强，中国从北至南均可生长。耐干旱，但不耐水涝，对大气污染具有一定抗性。深根性，喜欢深厚肥沃排水良好的土壤。生长速度很慢，但长寿。

芭蕉 *Musa basjoo*

芭蕉科芭蕉属
7-11
☼☼☼

株高3~6m，多年生大型草本。芭蕉看似是树，但从植物学上来说为大型草本植物。叶片宽大，可长达2~3m，宽达40cm。芭蕉十分适合栽植于窗前、墙角，营造"雨打芭蕉"的古典意象，叶可以种植在长视线末端，作为吸引视线的元素，更可用作框景的构图元素，是经典的古典庭院植物。

喜光，稍耐荫。在长江流域及其以南地区可以露地生长，在北京城区内小气候良好的地方，亦可露地生长，但在北方多作盆栽，冬季移入室内亦可美化室内空间。生长速度较快。风易撕烂叶片，故应种背风处。

蒙古栎 *Quercus mongolica*

壳斗科栎属
1-7
☼☼☼

株高6~10m（可达30m），落叶乔木。蒙古栎有叶缘波浪状的叶片。在庭院中常用的是丛生树形的蒙古栎，看起来疏朗有致。秋季叶片变为黄褐色，叶子不会迅速凋落，还能保留在树上直至来年开春新芽萌动后才掉落，枯萎而不凋落的叶片与皑皑白雪相得益彰，是北方地区庭院冬景的重要素材。其他栎属植物也有类似特点，近年来市场上出现了很多从北美引入的多种栎树，如娜塔栎（*Quercus nuttallii*）、沼生栎（*Quercus palustris*）、北美红栎（*Quercus rubra*）等红叶期长，冠形匀整，在南北方的适应性均强，长势良好。

喜光，耐寒性强，耐干旱瘠薄，抗病虫害。多数种类生长速度中等偏慢。

乌桕 *Sapium sebiferum*

大戟科乌桕属
8-10
☼☼☼

株高5~8m（可达15m），落叶乔木。叶片呈菱形广卵形，看起来特别可爱。树形优美，秋色叶极其红艳，是南方著名的秋色叶种类，特别适合栽植于水边、草坪之上，是良好的庭荫树。

喜光，喜温暖气候。具有耐水湿的特性。主根发达，因而喜欢肥沃深厚的土壤，抗风性也很强。生长速度较快，寿命较长，能耐-6℃的低温。

1.3 叶的大小

叶片的大小通常是人们对一种植物的第一印象。宽阔叶片让人感觉大方阔达，狭小叶片则给人以细腻清秀之感。大叶植物是庭院植物景观形成韵律感的关键元素。在一片小叶植物中，突然出现的大叶植物会给人眼前一亮的感觉（图1-9）。

叶片的大小还能影响建筑的表情。体量大的建筑搭配上洋洋洒洒的大叶植物，更添气派；简洁明快的建筑风格，小叶植物的细腻繁复则可以反衬出建筑的大方朴素。

图1-9 大叶蚁塔的叶片直径可达2m

叶片大小分类及不同地域应用的代表植物种类见表 1-10。

表 1-10　叶片大小分类及不同地域应用的代表植物种类

叶片大小	地区	植物种类（带下划线的是指南北方均可栽植的植物）
巨型叶片（20cm 以上）	北方	七叶树、五叶地锦、楸树、梓树、黄金树、玉簪、大叶橐吾、齿叶橐吾、美人蕉等
	南方	菩提、琴叶榕、棕竹、蒲葵、老人葵、鸡蛋花、厚朴、龟背竹、滴水观音、春芋、大叶蚁塔、艳山姜等
大型叶片（10~20cm）	北方	玉兰、鹅掌楸、桑树、无花果、天目琼花等
	南方	洒金东瀛珊瑚等

无花果 *Ficus carica*

桑科榕属
7-10
☼☼
◊

株高 2~5m（可达 12m），落叶小乔木。叶片 10~20cm，亦有叶片大于 25cm 的品种。叶厚纸质，表面粗糙，掌状裂。原产亚洲西部及地中海沿岸地区，是一种具有异域风情的植物材料。果实甘甜可口，不同品种结果期有差异。

喜光，喜温暖湿润气候。耐寒性不强，在北京一些比较耐寒的品种，如'布兰瑞克'（'Brunswick'）、'中国紫'（'Wuhan'）、'金傲芬'（'Orphan'）、'青皮'（'Alma'）等，可以在小气候保护下生长良好。对土壤要求不严，较耐干旱。生长快，可用扦插、压条或分株繁殖。

滴水观音 *Alocasia macrorrhiza*

天南星科
海芋属
8-10
☼☼
◊

株高 1~1.5m（可达 5m），常绿草本植物。叶片长宽均可达到 40cm 以上，是一种大型观叶植物，可以营造浓烈的热带氛围。宜栽植于水边、墙隅、转角、林下等遮荫处，均能获得很好的效果。因滴水观音不耐寒，在北方可以盆栽，亦可以用菜市场或超市中贩售的芋头及野芋或叶色奇特的紫叶芋代替，每年秋季起出，春季重新栽种即可。

喜半荫环境，喜温暖湿润气候，耐水湿，栽植于水边等空气湿度较大的地方有利于生长。不耐寒，仅适合南方露地栽植，北方需要盆栽或冬季起出。枝、叶、茎分泌的汁液均有毒，切莫徒手接触，亦不要栽植于小孩能够接触的地方。生长速度较快。

天目琼花 *Viburnum sargentii*

忍冬科
荚蒾属
2-8
☼☼☼
◊

株高 2~3m（可达 4m），落叶灌木。叶掌状 3 裂，叶片较大，可达 12cm。5~6 月开花，花为复伞形花序，最外一轮为较大的白色的不孕花，内轮均为细小的可育花，装饰效果很强。秋季结红果，也很美丽。可以作为激发兴趣的趣味植物栽植于儿童花园。

喜光，但也耐半荫，可以栽植于林下，适用于阴生花园。耐寒，也耐旱，病虫害很少。生长速度较快。

1.4 叶的颜色

　　植物叶片通常是深浅不一的绿色，而彩色叶植物能为庭院带来斑斓缤纷的色彩，丰富庭院颜色的韵律变化（图 1-10）。

1. 常年异色叶植物

　　常年异色叶植物是在四季（或至少三季）都具有彩色叶的植物，可提供丰富的色彩，比观花植物有更长的观赏期，是庭院中更稳定的色彩来源。适用于做庭院景观骨架，或栽植在一年多季都需要有景观的地方，使庭院中的景致长期稳定。其中还有一类双色叶植物，叶片正反面颜色不同，其叶片随风翻动，呈现出闪烁的颜色变化。

2. 春色叶植物

　　春色叶植物在春季抽出新叶时颜色十分鲜艳，随着夏季到来，为积累更多的营养，植物叶片合成更多叶绿素进行光合作用导致叶色返绿。很多具有春色叶的植物也具有秋色叶，能够给庭院带来丰富的季相变化，是庭院四季更迭的信使。

图 1-10　彩色叶植物的应用

南蛇藤　银杏　水杉

紫荆　金钟花　胡枝子　白蜡

鹅掌楸

元宝枫　杏

太平花　玉兰

樱花

蒙古栎

元宝枫　拧筋槭

鸡爪槭

黄栌

紫叶李

茶条槭　五叶地锦

红瑞木　火炬树

图1-11　北京地区常见的秋色叶物种

←　3. 秋色叶植物

随着气温降低，叶片中叶绿素被分解，而红色调的胡萝卜素和黄色调的叶黄素被保留了下来。叶片中色素的比例发生了变化，且不同植物叶片中这种比例也是不同的，植物能呈现出炫彩斑斓的秋色，称为秋色叶植物。还有一些植物在秋季变色，是因为合成红色或黄色的花青素来给叶片防晒，防止强光在低温环境下破坏细胞结构，以争取时间进行光合作用积累更多的养分，如香山红叶的"主力"黄栌（图1-11）。

小贴士

秋季昼夜温差越大，植物呈现出的秋色就越鲜艳；相反，温差小不适合秋色叶的发育，因为叶绿素分解慢或花青素合成少，叶色变化表现得含糊拖沓。同时空气湿度越大，则叶片越不容易干燥和枯萎，秋色持续的时间也就越长。在山区等昼夜温差大的地方，或是将秋色叶植物栽植在水边，都可以使庭院获得更好的秋色叶。

小贴士

一些秋色叶植物的叶变色后会一直保留在树枝上，直至次年春新芽萌动时才会脱落，这种现象叫作凋存性，从演化角度上解释可能是为了在次年春季时给春芽以保护，防止春芽被鸟类啄食。很多壳斗科植物的叶片具有这种特点，如蒙古栎、北美红栎、欧洲水青冈等。凋存性使得这类植物在冬季依旧能够发挥余热，且铜黄色的叶片与白色的积雪十分相衬，适合北方庭院使用。

不同色叶分类及代表植物种类见表1-11。

表1-11　不同色叶及代表植物种类

分类	叶色	种类
常年异色叶	银白色	桂香柳、油橄榄、杜梨、绵毛水苏、朝雾草、银叶菊、霸王棕、蓝桉
	粉色	狗枣猕猴桃、花叶络石、花叶杞柳
	红色、紫红色、古铜色	红叶黄栌、紫叶风箱果、红枫、红花檵木、紫叶小檗、彩叶草（亦有黄色、花叶品种）、矾根（亦有褐色、黄色、花叶品种）
	黄色、金色	金叶风箱果、金叶国槐、金叶刺槐、金叶连翘、金叶女贞、金山绣线菊、金焰绣线菊等、金叶红瑞木、金叶番薯、金叶紫露草
	蓝绿色、蓝灰色	蓝冰柏、蓝剑柏、'蓝色天堂'洛基山圆柏、蓝粉云杉、白杆、蓝羊茅、水果蓝、玉簪
	花叶	花叶连翘、花叶锦带、花叶假连翘、洒金东瀛珊瑚、花叶冷水花、花叶绣球（如'银边绣球'）、银姬小蜡、高山积雪、花叶野芝麻
	双色叶	银白杨、红背桂
春色叶	红色、紫色	臭椿、香椿、紫叶李、紫叶桃、紫叶矮樱、紫叶稠李、北美海棠、牡丹、月季
秋色叶	红色	枫香、枫杨、乌桕、鸡爪槭、假色槭、茶条槭、舞扇槭、血皮槭、槲栎、五叶地锦、爬山虎、四照花、黄栌、南天竹
	黄色、金色	银杏、洋白蜡、刺楸、黄金树、鹅掌楸、蒙古栎、白桦
	橙色	栾树、盐肤木、山杏

桂香柳　*Elaeagnus angustifolia*

胡颓子科
胡颓子属
4-7

株高5~7m（可达12m），落叶乔木。叶片长椭圆形，叶较小而细碎，似柳叶。背面或两面银白色，是北方庭院中不可多得的灰白色叶植物，能够提亮庭院。桂香柳在盛夏开花，花黄色，花香似桂花，故得名。秋季结黄色的果实，香甜可食，亦可制作果酱。

喜光，耐寒冷气候，抗风沙，也抗旱。不择土壤，在地势低、盐碱地均能生长。深根性，根系富有根瘤菌，能提高土壤肥力。萌芽力强，生长速度很快，亦耐修剪。

彩叶杞柳　*Salix integra* 'HakuroNishiki'

杨柳科杨属
5-9

北美风箱果　*Physocarpus opulifolius*

蔷薇科
风箱果属
3-7

落叶灌木，无明显主干，株高80~200cm。株形紧凑密集，常呈圆球状，易于修剪造型。嫩枝先端叶片为粉红色，是少见的叶片为粉色的庭院植物。

喜光，也耐荫。耐寒性强，可耐-20℃低温。喜水湿，但也耐干旱。耐盐碱，对土壤要求不严。耐修剪，生长速度较快。

株高1~1.5m（可达3m），落叶灌木。叶片整体呈心形，花白色，成伞形总状花序，盛夏开花。花后结的红色果实膨大，故得名。通常会使用彩叶品种，以增加庭院色彩，常用的有'金叶'（'Luteus'）、'紫叶'（'Diabolo'）、'矮生金叶'（'Dart's Gold'）等。

喜光，耐寒。非常适合栽植于庭院之中。生长速度较快。

矾根 *Heuchera micrantha*

虎耳草科
矾根属
6-10
☼☼ ⊿

株高 20~40cm，宿根植物。矾根品种丰富，叶色斑斓。深紫红色、酒红色、古铜色、橙红色、褐色、黄绿色、墨绿色、金黄色等各种色彩都能在矾根中找到。矾根花开时，花葶从叶丛中抽出，也十分可爱，是花境中常用的材料。常见的品种有'酒红'（'Beaujolais'）、'好莱坞'（'Hollywood'）、'莱姆里基'（'Lime Rickey'）、'和服'（'Kimono'）、'巴黎'（'Paris'）等。

喜半荫、散射光环境，强光照射时会生长不良，是阴生花园必备植物。喜疏松、肥沃、排水良好的中性偏酸土壤。喜温暖湿润气候，但也具有一定的耐寒性（不同品种之间会有差异），北方冬季可以在其之上倒扣花盆保护越冬。生长速度较快。

粉花绣线菊 *Spiraea japonica*

蔷薇科
绣线菊属
3-7
☼☼☼ ⊿

株高 40~60cm，落叶灌木。粉花绣线菊有诸多园艺品种，其中不乏彩叶品种。盛夏开花粉红色，品种都比较矮小，非常适合栽植于路缘、草坪边缘、花境边缘以镶边、点缀。

喜光，光照充足时有利于彩色叶发育，开花表现也更好。耐寒，是北方地区常用的彩叶植物。喜疏松肥沃、排水良好的土壤。生长速度较快。

高山积雪 *Euphorbia marginata*

大戟科大戟属
6-10
☼☼☼ ⊿

株高 60~150cm，一年生草本植物。植株上部的叶片呈白色，下部的叶片呈绿色，犹如青山积雪。入夏后，下部叶片也会变为白色，在阳光下异常明亮。可以作为花境中部的植物，也可以作为吸引视线的元素。

喜光照充足的环境。不耐寒，但具有自播能力，每年都能从同一位置再长出来，势力范围会逐步扩大，要小心泛滥。喜欢疏松、湿润的沙质壤土。耐干旱。生长速度较快。

蓝羊茅 *Festuca glauca*

禾本科羊茅属
5-10
☼☼☼ ⊿

株高 40cm，常绿观赏草。蓝羊茅叶上具白粉，在春秋季节整体呈现出灰蓝色，在夏季多为蓝绿色。可成丛种植，亦可作为镶边材料，是非常好的花境植物，与石头搭配会有较好的效果。

喜光，也耐荫。为冷季型草种，在夏季时生长适宜的温度在 15~25℃之间，不耐高温，超过30℃时生长变缓。喜干燥、疏松的土壤，忌积水。生长速度较快。

南天竹 *Nandina domestica*

小檗科
南天竹属
8-10
☼☼☼ ⊿

株高 1~2m，常绿灌木。南天竹叶片看起来细碎轻盈，栽植在石头旁、白粉墙前、水边都有很好的效果。盛夏开白色小花成顶生圆锥花序，秋冬叶变红，且生鲜红色浆果，繁密可爱。南天竹在日本还有消灾解厄的寓意，是日式庭院常用植物。在欧美温暖地区是庭院常用植物。

喜光，也耐荫。喜温暖湿润气候，耐寒性不强，在北京小气候良好的地方勉强能够越冬，更多的是盆栽，冬季置于室内也很美观。喜肥沃湿润而排水良好的土壤。在野外多生长于石灰岩钙质土上。生长速度较快。

1.5 叶的质地

叶片的质地是对叶片的厚薄程度、软硬程度、脆韧程度等性质的描述。可分为纸质、草质、革质、肉质四种类型，其特点分别如表 1-12 所示。此外一些植物叶片被毛，故也作为一个单独类别详述。不同质地的叶片将带给人们不同的感受。

表 1-12　叶片质地、特点及代表植物

叶片质地	特点	代表植物
纸质（chartaceous）	质地较薄而柔韧，似纸张样	糙苏叶
草质（herbaceous）	叶片薄而柔软	薄荷叶
革质（coriaceous）	质地坚韧而厚，略似皮革	山茶叶
肉质（succulent）	叶片肥厚多汁	大花马齿苋叶

1.5.1　纸质和草质叶片——剔透质感

纸质和草质叶片质地轻薄，叶脉清晰，叶色偏浅，透光性好。透过阳光时显得玲珑剔透，其中的很多植物在秋季还能由绿色变成绚丽的黄色、红色，形成如水彩画般的轻透笔触。这类植物适合种植在庭院的向阳面。在烈日当空的时候，能够为下方提供一方荫凉，而阳光透过叶片散射开来，光线也变得柔和了许多。此时坐在下方阅读、静思，也不会感到昏暗。清风拂过时，抬头就能看见叶片如翡翠般闪烁，使庭院多一份清透感和呼吸感（图 1-12）。

图 1-12　剔透质感（栾树）

庭院中常用的剔透质感的植物如下：

玉兰类　*Yulania* spp.

木兰科玉兰属
4-8
☼☼☼
△

株高 3~5m（成年可达 15~20m），落叶乔木。早春叶前开花，花有香气。品种丰富，花色以粉色、白色居多，目前也培育出了红色、黄色的品种，此外还有重瓣的品种。

根系肉质，不耐积水。在寒冷地区，应栽种于房屋南侧，小气候背风向阳处，且初栽第一年需要保护。花芽在开花前一年的夏秋季进行分化，并在冬季保留在枝条上，具有一定的观赏性。

鹅掌楸 *Liriodendron chinensis*

木兰科
鹅掌楸属
6-9

株高 4~6m（成年可达 40m），落叶乔木。花黄绿色、杯状，似长在树上的郁金香（英文名为 "Chinese Tulip"，即 "中国的郁金香"）。叶似马褂，又名马褂木。是著名的庭院树。

因根系肉质，故不耐移植，喜欢排水良好、肥沃深厚的酸性土壤。耐寒性不强，在寒冷地区，栽植第一年需要保护。生长较快，寿命长。干皮较薄，易受日灼，应避免西晒。

七叶树 *Aesculus chinensis*

七叶树科
七叶树属
5-7

株高可达 25m，落叶乔木。顶生圆锥花序，花白色。树冠开阔，白花绚烂，是十分好的庭荫树。因掌状复叶宽阔，在北方的寺庙中常作为佛教 "五树六花" 中菩提树的替代植物。

喜肥沃深厚的土壤，具有深根性，故不耐移植。在寒冷地区，栽种第一年需要保护。萌芽力不强，生长较慢，寿命长。干皮较薄，易受日灼，应避免西晒。

小贴士

叶片质感剔透的植物能为建筑遮荫，又不形成厚重的阴影，因此，这类植物容易打造小清新的氛围。但当植物的叶片过密时，这种透明感就不明显了。所以，应适当对枝叶进行修剪，避免过密的树冠。

1.5.2 革质叶片——光泽质感

革质叶片表面光滑，叶色常呈深绿色或墨绿色，表面蜡质层可在夏季高温时减少植物蒸腾。但从景观效果上而言，蜡质层使其叶片能够反射光线，呈现光泽感。革质叶片坚硬的如枸骨、桂花，柔软的如榕树、海桐、鹅掌柴。下面介绍部分具有光泽感的革质叶片的植物。

海桐 *Pittosporum tobira*

海桐科海桐属
8-10

株高可达 2~6m，但通常作为常绿灌木、绿篱使用。叶片革质有光泽，叶全缘并反卷，常集生枝端。初夏开花，花白色，成伞房花序，有芳香。其枝叶繁密，树冠圆整，花叶看起来都十分可爱，是南方良好的庭院灌木，可用于儿童花园。

喜温暖湿润的气候，不耐寒。虽然喜光，但也颇耐荫。对土壤要求不严，抗海潮风和二氧化硫等有毒气体的能力较强，可以在海边的庭院使用，亦可栽植在庭院四周作为隔离。生长速度较快，萌芽力强，耐修剪；但不耐寒。

大叶黄杨（冬青卫矛）Euonymus japonicus

卫矛科卫矛属
7-9
☆☆☆
△

株高可达 8m，在自然状态下可以生长为小乔木，但通常做绿篱使用。叶片革质发亮，且冬季常绿。春末开绿白色花、而后结粉红色果。有很多彩叶品种，如金边（'Aureo-marginatus'）、银边（'Albo-marginatus'）、金心（'Aureo-pictus'）、金斑（'Aureo-varietatus'）、狭叶（'Microphyllus'）。最常用的品种是北海道黄杨（'Cuzhi'），其叶色翠绿，观赏性和耐寒性比原种要强，植株通常较高，适合作高篱。此外，胶东卫矛（E. kiautschovicus）与大叶黄杨也很相似，市场中也称其为"大叶黄杨"，很容易混淆，主要区别是胶东卫矛的叶片较薄、近纸质，植株基部的枝条常生用于攀缘的不定根，可作藤本使用。

喜温暖湿润的气候，也能耐荫。耐寒性不强，在北京小气候良好处可陆地栽培。生长较快，萌芽力强，耐修剪。为了维持绿篱高度，要定时修剪。

大叶冬青 Ilex latifolia

冬青科冬青属
8-10
☆☆
△

株高可达 20m，但常做常绿小乔木使用。叶大、厚革质，具有明显的光泽。花黄绿色，密集簇生于 2 年生枝条的叶腋，春季开花，秋季结果，直径约 1cm，与常绿叶片搭配相得益彰，十分美丽。其嫩叶可代茶，又名"苦丁茶"。冬青属多为常绿灌木，少部分为落叶灌木。除叶之外，果是重要的观赏部位，是鸟类喜爱的食物，能够为庭院吸引来鸟类。除大叶冬青外，常用的还有冬青（I. purpuerea）、欧洲冬青（I. aguifolium）、北美冬青（I. verticillata）、钝齿冬青（I. crenata）、龟甲冬青（I. crenata'Convexa'）等。

喜温暖湿润气候，耐荫性强，喜侧方庇荫。不耐寒。耐旱。生长速度较快，耐修剪。

小贴士

革质叶片植物栽在庭院缺光处，能够反射光线。以之为背景搭配浅色系花，两者相互映衬，会使庭院素雅、清亮。但使用过多导致暗色比例重，使整个庭院的气质走向暗淡阴森。因地制宜点缀一二效果最好。

枸骨 Ilex cornuta

冬青科冬青属
8-10
☆☆☆
△

株高可达 3~4m，但通常作为常绿灌木、绿篱使用。叶硬革质，有坚硬刺齿，叶端向后弯，表面深绿有光泽。花期 4~5 月，黄绿色，但花小。果期 9~10 月，鲜红色，簇生于枝条上，十分美丽，还能够为庭院吸引鸟类光顾。适用于岩石花园。此外，还有无刺（'National'）、黄果（'Luteocarpa'）、花叶等品种。

喜温暖湿润的气候，不耐寒。虽然喜光，但也耐荫，但果实在全阳环境下表现更好。因叶有坚硬刺齿，可以栽植在庭院四周、建筑窗前起到防卫作用，同时尽量避免靠近道路与儿童。生长速度较快，耐修剪。

无刺枸骨　　　　花叶枸骨

1.5.3　肉质叶片——肥厚的质感

肉质叶具有肥厚、可爱的质感（图1-13）。但叶片肥厚的植物在庭院中从来都不是珍稀物种，很多都适合露地直栽，大体可以分为两类：

图 1-13　多肉植物组景

　　第一类是莲座状的（图 1-14）。其叶片在茎上密集簇生，外形如同绽放的莲花一般，以龙舌兰、芦荟、凤尾兰等植物为代表。热带风格的庭院中这类植物能成为点睛之笔，可用于视线焦点处。第二类是草本状的（图 1-15）。以景天科的植物如垂盆草、佛甲草、八宝、费菜（三七景天）等为代表。这类植物适合群植，无论开花与否都能带来整齐壮观的效果；栽植在花境之中时也能与其他植物融洽地组合。早春这类植物从土壤中熙熙攘攘地钻出来，肥厚的幼叶簇拥在一起，如绿色玫瑰花一般，活泼可爱。

图 1-14　莲座状肉质叶片植物（鬼切芦荟）

图 1-15　草本状肉质叶片植物（八宝景天幼叶）

凤尾兰 *Yucca gloriosa*

百合科丝兰属
7-10
☼☼
◮

小贴士

肉质叶片是植物为适应山地、戈壁、沙漠等气候干旱、土壤瘠薄的环境而演化出来的。既能成为储水器官，又减小了叶片的表面积，以减少蒸腾作用。因此这类植物与沙砾、石头有着与生俱来的亲和力。在设计的时候，不妨去山间野外挑选几块有眼缘的山石、卵石与之相配，也可以在土壤表面铺撒一层沙砾，都能为庭院增添野趣。

株高可达 2.5m。叶剑形硬直，簇生呈莲座状，冬季亦常绿。每逢初夏（5~6 月）和初秋（8~9 月）两次开花，花似铃铛下垂，颜色洁白，成大型的圆锥花序，颇为壮观，且通常是在夜间开放，有淡香，可以作为月光花园的植物材料。

喜光，但也耐荫。栽植在半荫环境下，有利于延长花期。在北京需要小气候保护，栽植前两年最好在入冬时将叶丛用绳子束紧。生长速度较快，最初的 1 丛在两三年后会形成 2~3 丛。

蕃拉芦荟 *Aloe vera*

株高 50~80cm。叶厚汁浓，呈粉蓝绿色，能够为庭院提供一种清新的色彩，亦可食。夏季抽葶开花，花黄色，十分可爱。此外，芦荟叶缘有齿，在应用时要考虑到安全性。

喜光，但也耐荫。喜欢疏松肥沃、排水良好的土壤。在南方可露地地栽，北方需盆栽。生长速度较快。

百合科
芦荟属
8-10
☼☼☼
◮

龙舌兰 *Agave americana*

百合科芦荟属
9-11
☼☼☼☼
△

株高1~2m，开花时花箭可达6~12m。叶厚且叶缘有齿，呈莲座状排列，叶片中部较宽可达10~15cm，常弯曲生长，适合作为庭院的焦点植物。开花时巨大的花箭也颇为壮观。

喜光，喜欢疏松肥沃、排水良好的土壤。在华南地区和西南地区通常可以地栽，在北方可以盆栽观赏，能让庭院的气质瞬间与众不同。生长速度较快。

垂盆草 *Sedum sarmentosum*

景天科景天属
2-11
☼☼☼☼
△

株高10~25cm，宿根植物。叶片肉质，呈草本丛生状。初夏开黄色的花，远观如金色的地毯。

喜光也耐半荫，但光照充足时生长更好。耐旱但不耐涝，避免栽植在易积水的地方。不择土壤，几乎可以在各种生境中生长，时常还作为屋顶绿化的材料，耐粗放管理。生长速度极快，蔓延能力很强，是良好的替代草坪的植物，可以用于踩踏频率不是很高的地点作地被。

佛甲草 *Sedum lineare*

景天科景天属
2-11
☼☼☼☼
△

株高10~20cm，宿根植物。叶片肉质，呈草本丛生状。初夏开黄色的花与垂盆草形态和应用方式上都十分类似，但是叶片要比垂盆草细一些，呈棒状。

喜光，耐荫能力较差。耐旱但不耐涝，避免栽植在易积水的地方。不择土壤，耐粗放管理，在习性上与垂盆草也很相似。生长速度快，栽植几株不久就能蔓延成一片。与垂盆草类似，佛甲草也是良好的替代草坪的植物，可以用于踩踏频率不高的地点作地被。

'胭脂红'景天 *Sedum spurium* 'Coccineum'

景天科景天属
3-10
☼☼☼☼
△

株高10~20cm，宿根植物。叶片肉质，呈草本丛生状。叶片酒红色，十分美丽，花为深粉色。

喜光，也耐荫。耐旱，也稍耐涝（多日下雨也无妨）。耐热也耐寒，在黄河以南地区能够保持常绿，但在华北、东北则每年地上部分枯死，来年春天再萌发新叶，不久后就能再次覆盖地面。不择土壤，耐粗放管理。生长速度极快，覆盖能力很强，是良好的替代草坪的植物，与垂盆草和佛甲草类似，也可以用于踩踏频率不高的地点作地被。

三七景天 *Phedimus aizoon*

景天科费菜属
2-10
☼☼☼☼
△

株高30~70cm，宿根植物。叶片肉质，呈草本丛生状。其观赏特性、应用方式与八宝景天十分相似，只不过开花时聚伞花序为金黄色。

其习性与八宝景天也很相似，喜光但也耐半荫，在树下也能够开花良好。耐旱也耐涝，喜干燥、通风良好的环境。植株强健，不择土壤，管理粗放。生长速度较快，在生长季中富有动态变化。

反曲景天 *Sedum reflexum*

景天科景天属
5-8
☼☼☼
◊

株高 10~20cm，宿根植物。叶片肉质，呈草本丛生状。叶上有白色蜡粉，整体呈灰绿色。夏季 6~7 月开花，花黄色。

喜光但也耐半荫。耐旱也忌水涝，喜干燥、通风良好的环境。耐寒，但耐湿热能力较差。生长速度较快，可作地被，但不耐践踏。

八宝景天 *Hylotelephium erythrostictum*

景天科景天属
2-10
☼☼☼

株高 30~70cm，宿根植物。叶片肉质，呈草本丛生状。是一种从春季到秋季都具有观赏价值的宿根植物，春季其叶芽从土壤中钻出来，像绿色玫瑰花。夏季叶片也十分翠绿可爱，几乎无病虫害。秋季 8~10 月开粉色花（也有花白色的品种），开花时其伞房花序能够营造出一种整齐的效果，是花境良好的水平线条植物。

喜光但也耐半荫，在树下也能够开花良好。耐旱也耐涝，喜干燥、通风良好的环境。植株强健，不择土壤，管理粗放。生长速度较快，在生长季中富有动态变化。

1.5.4 被毛叶片——毛茸质感

叶片被绒毛的植物能够丰富景观的触感，吸引人们去触摸，使庭院形成一种温暖、柔和的气氛。其有时还能提供庭院稀缺的浅灰色调，如灰蓝色、灰绿色或灰白色等。这种高明度、低饱和度的色彩在绿色背景中具有跳跃感，能够提亮庭院、吸引眼球，是构成"高级灰"配色的重要元素。如果追求低调、冷静的庭院氛围，那这类植物再适合不过了。

小贴士

叶片被毛的植物对于滞尘、降噪方面有诸多益处。在庭院与街道的过渡区域中，多使用这一类植物，在美化庭院的同时，也顺便起到一定的降噪、滞尘的功能，可谓一举两得。

银蒿 *Artemisia austriaca*

菊科蒿属
5-9
☼☼☼
◊

株高 30~50cm，宿根植物，有时呈半灌木状。叶片银灰色，密被白色绒毛，羽状 2~3 回全裂，抚摸其叶片会在手上留有蒿味，可做香料。

喜光，耐半荫。耐寒性强。耐干旱，耐瘠薄，也耐盐碱，对土壤要求不高。生长速度较快。

棉毛水苏 *Stachys lanata*

唇形科水苏属
4-9
☼☼☼
◊

株高 60~70cm，宿根植物。叶片灰白色或灰绿色，密被丝状细绒毛，看起来似兔子的耳朵。花淡粉色，呈轮伞花序，在夏季 6~7 月开花。原产地中海巴尔干半岛，是打造地中海风格花园常用的材料，也是花境、岩石园中常用的材料。

喜光。耐旱但不耐涝，喜干燥、通风良好的环境。耐寒，最低可耐 -29℃低温，也耐热，但不耐湿。生长速度较快。

银叶菊 *Senecio cineraria*

菊科千里光属
8-10
☼☼☼
△

株高30~50cm，宿根植物。叶片银白色，密被白色绒毛，叶缘一至二回羽状分裂，似雪花。花黄色，在夏季6~9月开花。是花境、岩石园中常用的材料。

喜光照充足、凉爽湿润的环境，不耐寒，在长江流域以及以南能够露地过冬，在北方多为易购买到的盆栽、花坛植物，每年重新更换即可；也不耐酷热和湿热，高温高湿时易死亡。耐旱但不耐涝，喜干燥、通风良好的环境，喜欢肥沃疏松、排水良好的土壤。生长速度较快。

1.6 叶的香味

一些植物叶片能够释放挥发性芳香油，以抵御动物啃食或抑菌驱虫。这类植物以唇形科植物为代表，是香草花园、鸡尾酒花园最常用的一类植物材料。根据叶片香味释放的条件，大体可以将它们分为两类：

一类是在阳光照射、微风浮动等自然条件下就能够释放出叶片清香的植物。它们在庭院中的应用价值要更大，如荆芥、鼠尾草类、薰衣草、迷迭香等（图1-16）。这些自然挥发香味的植物在庭院内具有一定的驱蚊虫作用，可栽于庭院休憩区附近。

图1-16 迷迭香

另一类是需要经过触碰或浸泡才能释放出叶香的，例如碰碰香、凤梨薄荷、留兰香、百里香、藿香、紫苏、牛至、罗勒、香薷等(图1-17)。虽然他们不会自然挥发香气，但是穿拂其中时，会在皮肤上、衣物上留下香气，所以可栽植在狭窄道路、汀步两侧。

图1-17 藿香

除此之外，很多非唇形科植物的叶片也具有特殊香味。比如菊科蒿属的各类植物，如青蒿、艾蒿等具有的蒿香；菊属的菊花、菊花脑叶片取嫩芽泡水或做成菜肴时，能具有淡雅的菊香；芸香科花椒属的花椒叶片也有浓郁的花椒味；漆树科黄连木属的清香木、忍冬科接骨木属的接骨木等植物的叶片也有特殊的气味，但这些气味在人们心中的接受度就因人而异了。

宿根鼠尾草（林地鼠尾草）*Salvia nemorosa*

唇形科
鼠尾草属
3-9

株高 30~50cm，宿根草本。林荫鼠尾草通常在夏季和秋季有两次花期。竖线条的花序使它们成为花境中的结构植物。最常用的两个品种是紫色花的'蓝山'（'Blauhugel'）和白色花的'雪山'（'Schneehuegel'）。原产欧洲中部和西部，是打造欧式庭院、地中海风格庭院常用的植物。

喜光，也耐荫，可以栽植于树下林缘处。耐寒性很好。喜欢疏松肥沃、排水良好的沙质土壤。生长速度较快，养护管理相对容易。

荆芥 *Nepeta cataria*

唇形科荆芥属
3-9

株高 30~50cm，宿根草本。荆芥芳香油含量高，微风拂过就能带来阵阵清香，很适合栽植在庭院休憩区域起到驱蚊、安神的效果。又称"猫薄荷"，是猫喜欢的吃的植物。5~7 月份开蓝紫色的穗状花序。与岩石搭配有很好的效果，是岩石园常用的材料。

喜光，在光照充足的环境下香味更容易挥发。耐寒性很强。喜欢疏松、排水良好的沙质土壤。耐旱。生长速度较快，养护管理相对容易。

狭叶薰衣草 *Lavandula angustifolia*

唇形科
薰衣草属
7-10

株高 50~80cm，常绿灌木。狭叶薰衣草芳香油含量很高，常用于提炼精油，微风轻拂就能带来阵阵清香。在盛夏7~8 月开花，花序为蓝紫色，能够增加庭院的浪漫气氛。

喜光，喜温凉干爽的气候，具有一定耐寒性，在北京小气候良好的地方可以过冬，但在入冬前需要对植株进行修剪，保留地上部分 10~15cm，然后培土并倒扣一个花盆，或是用积雪覆盖以保护越冬。耐旱，但不耐湿涝，在多雨的夏季容易死亡。需要选择疏松透气、排水良好的沙质壤土，并在表层铺一些砾石。生长速度较快。

百里香 *Thymus mongolicus*

唇形科
百里香属
5-7

株高 20~30cm，落叶半灌木。百里香具有很好的匍匐性，蔓延能力很强，适合用作地被，可以栽植在汀步石之间。叶片晒干后依旧能够保持香味，可用于烹饪调味。盛夏开蓝紫色小花，点缀在地上，颇为可爱。可用于屋顶绿化和墙面绿化，也是岩石园常用的植物材料。

喜光。喜温暖干燥的环境，对土壤要求不高，但在排水良好的石灰质土壤中生长良好。生长速度较快，养护管理相对容易。

第 2 章 花

如果叶片对庭院的影响是潜移默化的，那么花对庭院的影响则是直截了当的。叶片给庭院带来了底色，而花却能够给庭院带来缤纷色彩与性格。

花的主角地位，在庭院植物景观中看似难以替代、无法动摇。但庭院没有花的时候，便以枝条、绿叶、墙垣、构筑示人，这些元素形成了庭院的基本骨架。一个庭院之所以美，绝不只是因花而美，更是因庭院中各个元素合理组织形成的构图而美，所以庭院中最重要的是设计"结构"，而后才增加色彩。这与"锦上添花"的道理类似——先织好庭院结构骨架的"锦"，再在此基础上添"花"。

2.1 花是什么?

相对于"叶"的形状来说，"花"的形状描述要复杂——植物丰富的多样性，在花上体现得淋漓尽致。每种植物的花，甚至同种植物不同园艺品种的花，形态上都有很大的差别。花不仅是庭院里的色彩来源，也是植物学家对植物进行分类时的重要依据。

一朵完全花由萼片、花冠、雄蕊、雌蕊四部分组成，缺少其中任何部分的都被称为不完全花。其中，雄蕊由花药和花丝两部分组成，雌蕊由柱头、花柱和子房三部分组成。雄蕊和雌蕊都有的花，叫二性花。只有雄蕊的称为雄花，只有雌蕊的称为雌花。雄花和雌花生于同一植株上的，称为雌雄同株，如玉米、黄瓜；雄花和雌花不生于同一植株上的，称为雌雄异株，如猕猴桃、银杏、银白杨等（图 2-1）。常见的花冠类型见表 2-1。

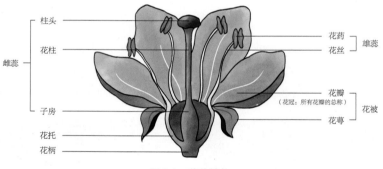

图 2-1　花的结构

小贴士

庭院中若使用了雌雄异株的果树，如猕猴桃，需要同时栽植雌株和雄株才能结实。利用一些植物雌雄异株的特点，可以避免植物产生令人不悦的器官，比如北方春季飘的杨柳絮，就是杨树和柳树雌株产生的果实，庭院中只栽植杨树、柳树的雄株，可以避免在春天飘絮；又如银杏的外种皮具有恶臭味，如果对这种气味反感，可在庭院中选用银杏的雄株。

表 2-1　花冠的类型

对称方式	花冠类型				
辐射对称	十字花冠 （蓝香芥）	坛状花冠 （柿）	蔷薇花冠 （桃）	钟形花冠 （沙参）	漏斗形花冠 （牵牛花）
	高脚碟状花冠 （粉背灯台报春）	辐射状花冠 （番茄）	舌状花冠 （黑心菊边花）	管状花冠 （红花）	
两侧对称	蝶形花冠 （香豌豆）	唇形花冠 （龙胆鼠尾草）			

2.2　花序是什么?

　　植物的花单生于叶腋或枝顶，称为花单生；植物数朵花簇生于叶腋或枝顶，称为花簇生；而有的植物多个花按一定方式和顺序排列在主轴上，形成花序。

　　花序的主轴称为花序轴（花轴），花下方通常会有一片变态叶称为苞片，在整个花序基部也有一个或数个变态叶，每一个都称为总苞片。当有数枚总苞片集生时，这个部分可称为总苞（图 2-2）。花序可以分为无限花序、有限花序两大类（表 2-2）。

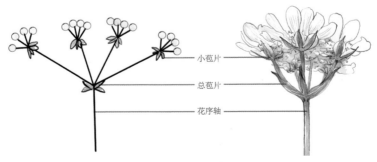

小苞片
总苞片
花序轴

图 2-2　花序的结构

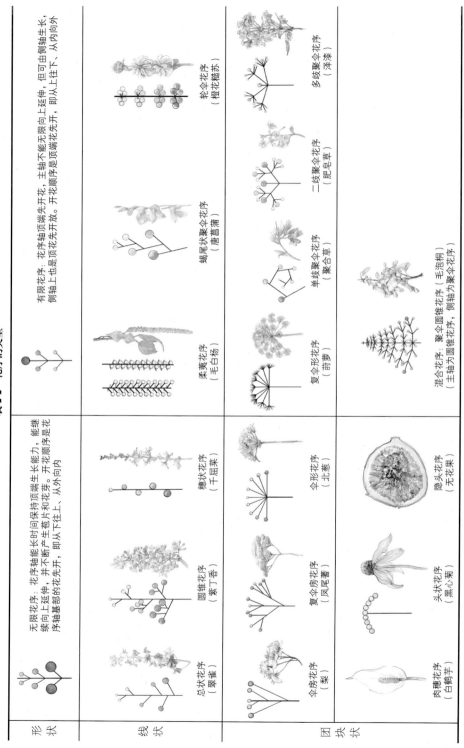

表2-2　花序的类型

无限花序：花序轴能长时间保持顶端生长能力，能继续向上延伸，并不断产生苞片和花芽。开花顺序是花序轴基部的先开，即从下往上，从外向内

有限花序：花序轴顶端先开花，主轴不能无限向上延伸，但可由侧轴生长，即花顺序是顶端花先开。开花顺序是顶端花先开放，侧轴上也是顶花先开，即从上往下，从内向外

形状

线状

总状花序（翠雀）
圆锥花序（紫丁香）
穗状花序（千屈菜）
柔荑花序（毛白杨）
蝎尾状聚伞花序（唐菖蒲）
轮伞花序（橙花糙苏）

团块状

伞房花序（梨）
复伞房花序（凤尾蓍）
伞形花序（北葱）
复伞形花序（茴香）
单歧聚伞花序（聚合草）
二歧聚伞花序（肥皂草）
多歧聚伞花序（泽漆）

肉穗花序（白鹤芋）
头状花序（黑心菊）
隐头花序（无花果）
混合花序：聚合圆锥花序（毛泡桐）（主轴为圆锥花序，侧轴为聚伞花序）

注：花序结构示意图中，圆圈越大、颜色越深的最先开花。

开花顺序中的"上"与"下"指植物形态学中的顶端与基端，与现实空间中的上下不完全一致。以蝎尾状聚伞花序的唐菖蒲为例，其花序主轴顶端先开第1朵花，此后主轴停止生长，其下方分出侧轴继续生长，然后侧轴顶端再开第2朵花。此时，第2朵花其是主轴下方侧轴开的花，在形态学中处于靠下的位置，是"先上后下"的开花顺序。但第2朵花要比第1朵花在空间中的位置要高，看起来是"先下后上"的开花顺序。

花的形状会随植物动态变化而改变。以大花葱为例，抽葶时挺拔直立的花梗，可以认为它是"竖线条花材"；其壮观的大型花序开放时，成为"团块状花材"。

图 2-3　伞形的凤尾蓍

2.3　花的形状

绘画讲究点、线、面的构成关系，植物设计中也常将植物的花形大致概括为团块状（圆锥形、球形、扁球形、盘形）、线状（包括竖线条和曲线条）两类，为庭院带来点、线、面的变化（表2-3）。

表 2-3　庭院中的不同形状的花材示例

花的形态		植物种类
团块状花材	（1）圆锥形	珍珠梅、接骨木、圆锥绣球、丁香等
	（2）球形	绣球花、大花葱、欧洲荚蒾'雪球'等
	（3）扁球形	牡丹、芍药、月季、小花溲疏、粉花绣线菊等
	（4）伞形	八宝景天、白芷、大阿米芹、灯台树、独活、红瑞木、金枝梾木、胡萝卜、西洋接骨木、蓍草类、欧洲荚蒾（天目琼花）等
线状花材	（1）竖线条植物 长花序	齿叶囊吾、大花飞燕草、独尾草、多花筋骨草、多叶羽扇豆、矾根、分药花、火炬花、藿香、荆芥、林荫鼠尾草、落新妇、毛地黄、千屈菜、蛇鞭菊、蜀葵、随意草、穗状婆婆纳、宿根六倍利、薰衣草、玉簪、醉鱼草类
	短花序	地榆、紫色达利菊
	（2）曲线条植物 下垂曲线	垂枝梅、连翘、炮仗花、喷雪花、猬实、迎春
	弧形曲线	荷包牡丹、黄精、铃兰、雄黄兰、玉竹

2.3.1　团块状花材

团块状的花不呈现明显的线条感，大致成一个圆锥形、球形、扁球形或伞形。小的团块状花材构成景观中的"点"，大的团块状花材构成景观中的"面"。"点"的数量足够多和密，也能形成一定面积的色块和体量。

花为伞形的植物颇为特殊，看起来近似一个平面，如蓍草、野胡萝卜、八宝景天、灯台树等（图2-3）。这类植物装饰感很强，在群落中能与其他形态的花材形成强烈的对比，给花境带来更丰富的"点线面"变化。

蓍草类 *Achillea spp.*

菊科蓍属
2-10
☼☼☼ △

株高 0.6m，宿根植物。蓍草在山野中也很常见，但也有很多园艺品种，有白色、粉色、紫色、红色、黄色、复色等颜色变化。复伞形花序在开花时很平整，十分适合栽植于花境前部。

喜光。耐寒也耐热，庭院种植越冬如覆盖保护措施，地上部分不枯死，耐干旱瘠薄，不择土壤，以沙质壤土为宜。生长速度较快，养护管理相对容易，分株或用种子繁殖。

灯台树 *Cornus controversa*

山茱萸科
梾木属
2-10
☼☼☼ △

株高 4~6m（可达 12~20m），落叶乔木。灯台树的花为顶生的伞房状聚伞花序，花白色，初夏 5~6 月繁花满树。秋天果由紫红色变为黑色。灯台树的侧枝轮状着生于主干，层次明显，似灯台一般，适合孤植于庭院中作为庭荫树。目前还有了斑叶的品种（'Variegata'）。

喜光。喜湿润。从华北到南方均可种植。生长速度较快，养护管理相对容易。

2.3.2　线状花材

线状花材呈明显的线条感，其线条感可由植物的花、花茎或花葶形成。不同花材具有不同的线条感：直线条笔挺刚毅，体现旺盛的生命力；曲线条优雅飘逸，富于动感；粗线条显得挺拔有力，体现阳刚之美；细线条则纤弱摇曳，表现轻盈柔美（图 2-4）。

1. 竖线条花材

竖线条花材具有向上的挺拔感，可构成植物景观中的骨架。缺乏竖线条的花境往往显得无层次，所有植物看起来糅杂无章。一旦有了竖线条的穿插，就使得景观在视觉上有了节奏的变化，能够把景观层次和景深表现出来。所以在打造庭院植物景观时，竖线条植物的应用是十分重要的（图 2-5）。

花序越长的竖线条植物呈现出的结构感越强，如毛地黄、翠雀等。花序越短的竖线条植物呈现的笔触感就越强，宛如印象派油画中细碎的色点，如紫色达利菊（紫花匍匐蓿）、地榆等。

小贴士

花序为有限花序的竖线条植物，以蛇鞭菊为代表，其花序上端的花凋谢后会留下一节黑色的枯梗，且花期也较短，景观表现不如从下往上开花且花期较长的无限花序。

图 2-4　宿根鼠尾草作为线状花材衬托出灵动之美

图 2-5　竖线条花材——"杧果棒冰"火炬花和蛇鞭菊

独尾草类 *Eremurus* spp.

百合科
独尾草属
6-9
☼☼☼ ⌀

株高 0.8~2m，秋植球根。花序直挺，高大，基生带状叶翠绿挺拔，花叶均是仲春时节表现非常精彩的植物。于每年 10 月份栽植，次年 4~5 月开花，花后地上部分枯萎，进入休眠期。其花后景观干净整洁，不干扰其他植物生长。常用的有白花独尾草、粉花独尾草、黄花独尾草三大类，不同颜色花期略不同。

喜光，耐寒也耐热，耐干旱瘠薄。独尾草植物有 20 多种，分布于中亚及西亚的山地和平原沙漠地区，相比很多原产于地中海地区的球根，其习性强健。在北京地区每年都能复花，但忌水涝，栽植在疏松、肥沃的沙质壤土中最好。生长速度较快，养护管理相对容易。

醉鱼草类 *Buddleia* spp.

马钱科
醉鱼草属
4-9
☼☼☼ ⌀

株高 1.5~4m，落叶灌木。花期 7~9 月，花色以蓝紫色、白色为主，能够带来清凉之感。作为较高的灌木植物，醉鱼草通常作为花境的背景植物使用。需要注意的是，马钱科植物多有毒，醉鱼草也不例外，所以避免栽植在儿童出没的场所，最好远离鱼池。常用的品种有小灌木状（株高 1.5~2m 左右）的'忧郁蝴蝶犬之梦'（'Reve de Rapillon Blue'）、'花之力量'（'Flower Power'）、'黑武士'（'Black Knight'），以及大灌木状（株高可达 4m）的'蓝色帝国'（'Empire Blue'）等。

喜光。耐寒也耐热。生长速度较快，养护管理相对容易，但醉鱼草具有很强的繁殖能力，植株繁殖速度快，庭院中不宜过多使用。因其根繁殖能力强，清除时，应注意清理掉土壤中的根系。

滨藜叶分药花 *Perovskia atriplicifolia*

唇形科
分药花属
6-9
☼☼☼ ⌀

株高 0.5~1.2m，宿根草本（亚灌木）。滨藜叶分药花具有模糊朦胧的竖线条，6~7 月开出蓝色花序，颇具浪漫气氛。低调而不张扬的线条能够与各种植物融合，十分适合在花境中使用。

喜光。耐寒也耐热，耐干旱瘠薄。栽植在疏松、肥沃的沙质壤土中最好。生长速度较快，养护管理相对容易。

地榆 *Sanguisorba officinalis*

蔷薇科地榆属
2-10
☼☼☼ ⌀

株高 0.3~1.2m，宿根植物。地榆是一种常见的山野草，生长在向阳的山坡灌丛中。其花序长度一般 5cm 左右，看起来细碎可爱。

喜光。耐寒也耐热，耐干旱瘠薄，不择土壤，以沙质壤土为宜。需要注意的是，作为一种原生贫瘠环境的山野草，栽植在庭院水肥条件较好的环境下时，会过分旺长，一定要注意控水控肥。生长速度较快，养护管粗放，可分株和用种子繁殖。

紫色达利菊 *Dalea purpurea*

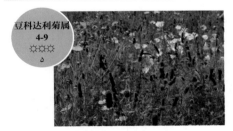

豆科达利菊属
4-9
☼☼☼ ⌀

株高 0.7m，宿根植物。达利菊由其属名"Dalea"音译得来。之所以被称为"菊"，大抵是因为花序与蛇鞭菊有些相似，但实则是一种具有根瘤菌、能够为土壤固氮的豆科植物，且为从下往上开花的无限花序。达利菊花序短，一般不超过 8cm，5~6 月开花。枝叶细碎、轻盈，花序好似漂浮在植物群落之中，优雅美观。

喜光。耐寒也耐热，耐干旱瘠薄。使用播种繁殖，生长速度较快，养护管理相对容易。

2. 曲线条花材

曲线条花材富有动感（图 2-6）。但大量的曲线会略显得凌乱，需控制用量，还要考虑与周围环境的融合。其比较适合种在庭院的边缘或转角，不适合种植于庭院中央。下垂植物可种在台地或有高差的地方，形成花瀑样景观，避免枝条拖在地上。曲线条植物周边尽量少种植其他植物，否则植物的枝条之间容易交叉，显得拥挤杂乱。

此外，一些草本植物在开花时花序也会弯曲形成曲线，能够丰富花境植物的线条变化，如荷包牡丹、雄黄兰、漏斗鸢尾（天使钓竿花）等。这类植物比较适合栽植在花境的前侧，使其轻盈的花序探向道路，增加景观的灵动感。如果将其栽植在花境的中部或后侧，这种轻盈的曲线感易被其他植物遮掩。

图 2-6 曲线条花材——迎春和玉竹

荷包牡丹 *Dicentra spectabilis*

罂粟科
荷包牡丹属
4-9

株高 0.6m，宿根植物。荷包牡丹英文名"Bleeding heart（滴血的心）"完美地形容了其独特的花形。春季开花时花葶轻盈地伸出，悬挂着若干花朵，让花葶轻微下弯，构成了优美的曲线。适用于花境前侧、道路两旁的位置，也可以栽植在建筑物旁。

喜半荫环境，耐寒，不耐高温，夏季休眠，地上部分枯死。稍耐旱，但肉质根怕积水，喜湿润、肥沃的沙壤土。生长速度较快，养护管理相对容易。

雄黄兰 *Crocosmia crocosmiflora*

鸢尾科
雄黄兰属
6-9

株高 0.5~1m，春植球根。雄黄兰具有与鸢尾类似的剑形叶，不开花时竖线条叶片，有良好的景观表现。花期在盛夏 7~8 月，颜色鲜红如火，又名火星花。花葶抽出后偏向一侧，上面着满红色的花朵，略微弯曲。适用在道路两旁，或是花境中间。

喜光。较耐寒，但在北方使用时需越冬保护。不退化，是皮实、好看的球根植物，在春季栽植即可。生长速度较快，养护管理相对容易。

猬实 *Kolkwitzia amabilis*

忍冬科猬实属
4-9

株高 2~3m，落叶灌木。猬实枝条下垂，5 月开花时，远观如粉色的瀑布，十分美丽。果期 8~9 月，因为果实密生针刺，形似刺猬，奇特可爱，故得名。常栽植于道路两侧、空间分割处，或是用作花境的背景。

喜光。颇耐寒。喜排水良好的土壤。生长速度适中，养护管理相对容易。

喷雪花 *Spiraea thunbergii*

蔷薇科
绣线菊属
5-8

株高 1.5m，落叶灌木。枝条纤细而密生，开展并拱曲。早春开花前花蕾状若珍珠，又名珍珠花。3~4 月花叶同放，白花满树，宛若喷雪。秋色叶橘红色，十分美丽。比较适合群植或点植在道路转角旁，与石材、水面搭配。

喜光，喜湿润而排水良好的土壤，较耐寒。生长速度适中，养护管理相对容易。

2.4　花的大小

2.4.1　大花型植物

　　大花型植物是庭院中浓墨重彩的一笔（图2-7）。单花直径大的植物如牡丹、玉兰、麝香百合、朱顶红、大花型的香水月季、铁线莲等。这类植物的一朵花就很硕大，给人的感觉可以说是毫无保留的热烈与直接。花序直径较大的如八仙花、欧洲琼花、欧丁香、宿根福禄考等等。它们由多个小花重复聚集排列、积少成多。这种大型花序往往比单花更大，强烈的秩序感使这类花从看似混沌无序的自然界中跳脱出来，有着让人过目难忘的装饰效果。

图2-7　大花型植物——OT百合和宿根福禄考

小贴士

大型花本身已足够美丽，在其周围搭配植物时注意对比烘托，为它们提供绿色的背景，使它们成为主角。避免花朵形态、色彩、大小相近的植物栽植过近，造成热烈有余，秩序不足。

　　庭院中常见的大花型植物见表2-4。

表2-4　庭院中常见的大花型植物

类型		植物种类
（1） 木本植物	单花直径大	广玉兰、牡丹、木槿、山茶、铁线莲类、玉兰、月季、扶桑等
	花序直径大	凤凰木、杜鹃、接骨木、蓝花楹、欧洲绣球？、绣球花、珍珠梅、丁香、紫藤、紫薇、醉鱼草等
（2） 草本植物	单花直径大	百合类、风信子、荷花、黑心菊、芍药、蜀葵、睡莲、松果菊、萱草、郁金香、鸢尾、朱顶红等
	花序直径大	波斯贝母、大花葱、肥皂草、风信子、花贝母、蓝雪花、石蒜、福禄考、野胡萝卜等

欧洲荚蒾'雪球'
Viburnum opulus 'Roseum'

五福花
科荚蒾属
5-9
☼☼☼ ◪

株高2m（可达4m），落叶灌木。欧洲雪球是欧洲琼花的一个品种，其花序全为大型不育花，4～5月开花，初开绿色，而后转变为雪白色。是容易让人感到惊喜却又清雅好看的庭院观花灌木，适合栽植在门边、墙角作为修饰。

喜光，稍耐荫。耐寒，喜湿润肥沃的土壤。生长速度较快，养护管理相对容易。

八仙花'无尽夏' *Hydrangea macrophylla*
'Endless Summer'

绣球科
绣球属
5-9
☼☼☼ ◪

株高1～1.5m，落叶灌木。新老枝都能开花，比仅在老枝上开花品种花期平均增加10～12周，花期几乎覆盖整个夏季。在pH值6.0～7.0的碱性土壤中会绽放粉色花朵，在pH值5.0～5.8的酸性土壤中花朵蓝色。

喜半荫，喜温暖湿润气候，不耐寒。但日照时间不足时开花数量少，建议种在每天能够接受5～6小时斑驳光照且避风的位置。北方冬季需做适当遮风保护。喜肥沃、湿润、排水良好土壤。可使用硫酸亚铁、硫酸铵等酸性溶液以及石灰水等碱性溶液来调整土壤的pH值，进而改变花色。喜湿润肥沃的土壤。生长速度较快，养护管理相对容易。

木槿 *Hibiscus syriacus*

锦葵科
木槿属
6-9
☼☼☼ ◠

株高 2.5m（可达 6m），落叶灌木。盛夏开花，花期可以连绵整个夏天，在夏季少花的北方能够提供明亮的色彩，南方可以从 5 月开至 11 月。木槿花有单瓣、半重瓣、重瓣，颜色有白色、粉色、桃红色、青紫色、紫红、灰蓝、复色等品种。城市绿化中多用重瓣品种，但在庭院中可以使用更为特别的品种，如蓝花品种'玛丽娜'（'Marina'）、'蓝莓冰沙'（'Blueberry Smoothie'）；白花的'中国雪纺'（'China Chiffon'）；紫红花、叶片具彩斑的欧洲花叶木槿'Purpureus Variegatus'等。

喜光，稍耐荫。耐干旱瘠薄，较耐寒，适应性强，从华北到华南地区均可栽培。喜温暖干燥的环境。夏季花园中的亮点植物，适合花境、绿篱、基础种植、盆栽等。生长速度较快，萌蘖性强，耐修剪，养护管理相对容易，冬季是种植和修剪木槿的最佳时间，木槿极易塑形，为适应盆栽条件，可以通过修剪控制开花高度，亦能促进多次开花。

乔木绣球'安娜贝拉' *Hydrangea arborescens* 'Annabelle'

绣球科
绣球属
6-9
☼☼☼ ◠

株高 1~1.5m，落叶灌木。又称为雪山绣球花，其花初开如雪，而后变为绿色，花序直径可达 20cm 以上，每个球形花序约有 300 多朵小花组成，且同样具有新枝开花的特点。

喜光，在全日照环境下表现最好。在寒冷地区小气候保护下可以每年重新长出新枝并开花（北京地区可露地过冬）。喜湿润肥沃的土壤。生长速度较快，养护管理相对容易。

大花水桠木 *Hydrangea paniculata* 'Grandiflora'

绣球科
绣球属
5-9
☼☼☼ ◠

株高 1~2m，落叶灌木。是圆锥绣球的一个大花品种，花序长、宽可达 30cm 以上，初开为白色，而后变为浅粉红色。

喜光，在全日照环境下表现最好。其耐寒性卓越，在东北大部分地区、呼和浩特等地都能露地栽培。喜湿润肥沃的土壤。生长速度较快，养护管理相对容易。

丁香类 *Syringa* spp.

木樨科丁香属
4-9
☼☼☼ ◠

株高 100~800cm，落叶灌木或中小乔木。丁香属植物在春夏之交相继盛放，其中小叶巧玲花（*S.pubescens* ssp. *microphylla*）春秋两季均可开花。不同种类高度不同，矮灌型的有蓝丁香（*S.meyeri*），灌木型的如欧洲丁香（*S.vulgaris*），乔木型的有暴马丁香（*S.reticulata* subsp. *amurensis*）等，可根据庭院大小来选择种类。花色多为蓝紫色系和白色系，也有红色和黄色的品种。花芬芳，香气源于丁香油，可抑菌、纾解压力、提高注意力。北方庭院普遍栽植紫丁香（*S.oblata*），但庭院中也适合栽植花型精致的欧洲丁香品种，比如白花重瓣的'佛手'（'Alboplena'）、蓝色花的'蓝花'（'Coerulea'）、紫色花的'堇紫'（'Violacea'）、紫底白边的'感觉'（'Sensation'）、黄花的'报春'（'Primrose'）等。丛植或孤植均可，多种丁香品种的组合可以使花期长达一个多月，注意灌丛间要留有一定空间。另外，丁香可防火阻燃，可作为住宅周围绿篱配植。

喜光，稍耐荫。西南西北种类如西蜀丁香（*S.komarovii*）、云南丁香（*S.yunnanensis*）等在低海拔地区栽植时则需给予更多遮阴。大部分种类耐干旱，不耐水湿，较喜肥沃疏松的中性土壤，较耐寒，适应性强。

石蒜类 *Lycoris* spp.

石蒜科
石蒜属
6-10
☼☼ ☼

株高 30~80cm，球根植物。石蒜属植物的花叶不同期，其基生叶夏秋枯萎，而后才抽葶开花。石蒜属可分为春出叶型和秋出叶型。春出叶型包含了黄色花的中国石蒜、广西石蒜、黄花石蒜、黄长筒石蒜、安徽石蒜、白色花的短蕊石蒜、陕西石蒜、乳白石蒜、香石蒜、长筒石蒜，粉色花的鹿葱、红蓝复色花的换锦花，红色花的血红石蒜等；秋出叶型包含了忽地笑、石蒜及其变种矮小石蒜、橙黄石蒜、红蓝石蒜、江苏石蒜、玫瑰石蒜、稻草石蒜、艾斯石蒜等。除原种外还有很多杂交种和栽培品种，如长筒石蒜和玫瑰石蒜的杂交品种'西施'（'Seishi'）、中国石蒜和矮小石蒜的杂交品种'爪红'（'Tsumabeni'）等。

喜半荫，耐旱也耐湿。春发叶种类耐寒性较强，其中鹿葱、换锦花等种类北京可露地越冬。秋发叶种类耐寒性差，适合南方栽植，但是很多种和品种在北京也可以露地越冬。石蒜对土壤的要求也不高，易于栽植和日常打理。栽植深度以鳞茎刚没入土面为宜，适合秋季开花前分球移栽。石蒜有毒，庭院栽植时注意避免误食。

2.4.2 小花型植物

小花型植物色块是细碎朦胧的，宛如印象派画作。尽管花小，但胜在花量大，体现花朵群体带来的氛围（图 2-8）。如果说大花型植物过于抢眼，那么色彩细碎的小花型植物是庭院的最佳配角，可以和其他元素融合呈现随性的野趣。分散轻盈的株型也使得小花型植物更适合作为填充植物，补足庭院的空隙。庭院中常见的小花型植物见表 2-5。

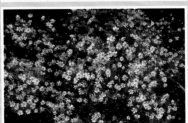

小贴士

大花型植物和小花型植物之间不存在明显的界限，使用时要注意对比。如果庭院中一味地选择大花型植物，虽然开花时很壮观，过多过杂则显得热烈有余，使视线失焦。所以只需在视线焦点不同季节点缀几丛大花型植物，其余空间用大量的小花型植物去丰满，便主次分明，相得益彰。

图 2-8　小花型植物——木茼蒿和柳叶白菀

表 2-5　庭院中常见小花型植物

类型	种类
木本植物	绣线菊类、丘园蓝莸、四照花、大花溲疏、小花溲疏、太平花、山梅花、风箱果、流苏树等
草本植物	宿根亚麻、虾夷葱、耧斗菜、欧洲银莲花、血红老鹳草、舞春花、毛茛、蓝盆花、柳叶马鞭草、柳叶白菀、霞草、紫色达利菊、常夏石竹、玫红金鸡菊、宿根天人菊、地榆、荷兰菊、青杞等

山茱萸科
四照花属
6-9
☼☼☼ ◊

四照花 *Cornus kousa* subsp. *chinensis*

株高 1.5~3m（可达 8m），落叶小乔木。初夏开花，开花时白花满树。秋季叶色变为红色或红褐色。果实味甜，可生食，亦可酿酒。目前市场中还可见美国四照花（*C. florida*）的品种，如 'Rubra'，其习性强健耐寒（-25℃），花粉红色，果深红色且经冬不凋，观赏性更强；还有白色苞片向上卷曲似灯笼的墨西哥四照花（*C. florida* subsp. *urbiniana*）。

喜光。耐寒，喜疏松、肥沃、排水良好的土壤。生长速度适中，养护管理相对容易。

木樨科
流苏树属
6-9
☼☼☼ ◊

流苏树 *Chionanthus retusus*

株高 4~6m（可达 20m），落叶乔木。初夏 5 月开花，繁花满树，清丽可爱。花冠 4 裂片狭长，似流苏。花和嫩叶可代茶，是十分优秀的庭院植物。以往观赏价值不受重视，常作为桂花砧木使用，尚属冷门树种，栽植在庭院中非常与众不同。

喜光。耐寒，喜疏松、肥沃、排水良好的土壤。生长速度较慢，养护管理相对容易。

2.5 花香

植物开花时能够释放出花香，给予人们嗅觉享受。庭院中栽种具有花香的植物，可营造恬静气氛。还可以花香为主题，打造"芳香花园"。花香也有层次，可分为清香、浓香和幽香。不同层次的花香在庭院中有不同用途。

1. 清香
素雅清新，令人如沐春风的香味。这类植物有玉兰、月季、牡丹、蔷薇、梅花等，适合栽植在居室附近，尤其是书房、客厅的窗前，具有清心静气的效果。

2. 浓香
即使距离很远也能感受到的香味。这类植物如茉莉、栀子、玫瑰、黄刺玫、紫丁香、蜡梅、白兰花、含笑、结香、橙、柚子等。有时香味过浓会引起人们反感，在庭院中用量不宜过大，或栽在远离居室和休憩区的地方，利用距离来冲淡香味，避免造成晕眩不适。部分浓香植物可能使患呼吸道疾病、高血压或心脏病的患者不适，需慎用。

3. 幽香

只闻其香，不见其花。不同于前面两种香味，这种香味是若即若离、没有预备的、突入而来的香味，能够给人以惊喜。幽香的代表是桂花，其花朵隐藏于叶片之中，往往能闻到香味，却不知道香味的源头。此外在夜间开放的夜来香、晚香玉、玉簪、紫茉莉等植物，因夜色隐去了其花朵，只闻得到香味。

这类植物适合栽植于庭院休憩区域，营造温馨的氛围；夜间开放的"幽香"植物还适合栽植于卧室附近，花香伴随着晚风习习，能够起到助眠安神的效果。在庭院中使用"幽香"植物能够从嗅觉上营造庭院的深邃感，是一种有效调动使用者不同感官的植物设计手法。

玫瑰 *Rosa rugosa*

蔷薇科蔷薇属
4-11
☼☼☼
△

株高可达 2m，落叶灌木。玫瑰为紫红色单瓣花，但亦有白色、粉红色、红紫色和重瓣品种。在 4~5 月开花，以后可以零星开花至 9 月，开花时具有浓香，可用花来提炼精油或做香料、花茶使用。丛植于草坪之中效果很好。因枝条具有密刺，故应远离道路。

喜光，不耐荫。耐寒。不耐积水，在肥沃而排水良好的中性或微酸性土壤中生长最好，在微碱性土壤中亦能生长。生长速度较快，萌蘖性强。

2.6　花的色彩与蜜源植物

利用动物（包括昆虫、鸟类等）来传播花粉的植物，大多都具有鲜艳的色彩；而通过风来传播花粉的植物，往往颜色寡淡，如杨树、核桃、观赏草等。传粉昆虫和动物对光线的敏感程度影响了它们对色彩的偏好。在漫长演化过程中，协同进化影响了植物花朵的形状和色彩。依赖鸟类传粉的植物，通常开出红色和橙色的花朵，因为鸟类对这些颜色更敏感。蜂类对波长较长的蓝光、紫光和紫外光十分敏感，所以依赖蜜蜂传粉的植物多为蓝紫色。蝶蛾类则喜欢黄色、橙色、粉红色和红色等颜色的花朵。

花朵一开始的颜色并不是为人类准备的，人类在选育观赏植物花色时，主观意识筛选了人类喜欢的花色和花朵的图案。同一种植物经过人类之手，可能会培育形成千万个品种，以满足不同人群的猎奇心理与审美趣味。

庭院植物不仅以花和叶为庭院带来了景观，还产出果实为庭院增彩。果子若是还能食用，那更是一份附赠的额外惊喜。吸溜着叫唤酸不可耐，跺着碎步大呼过瘾痛快，庭院生活中的各种滋味，都将被果实的滋味裹挟，嚼烂，咽下腹中。满足感从视觉延伸到了舌尖味蕾，没有人会拒绝这样触手可得的口腹之欢。

3.1 食赏兼用的果树

庭院空间有限，应使用多功能植物，以最大化庭院的功能。兼具食用功能和观赏功能的果树是首选（图3-1）。这类果树大多春有繁花，夏有荫庇，秋有硕果，能给庭院带来丰富的季相变化，适合栽植于庭院中的视线停留处，比如庭院入口、道路末端等；樱桃、石榴等小乔木，也十分适合用作休憩区域的庭荫树。另外，从观果，到摘果吃果，再到把吃不完的果实制成各种各样的果酱、果汁等食品，更可以将这一份滋味与邻居、朋友分享，收获与分享，是这类果树带来的最大快乐。

果树栽培养护管理，在修剪整形、疏花疏果、肥水管理等方面要求较高，对种植位置也十分考究。庭院中光线充足（提供良好的生长条件）、通风良好（减少病虫害发生）、土壤深厚肥沃（良好的营养条件）的地方适合果树的栽植。在此给大家推荐几种适合庭院种植的经典果树（表3-1）。

图 3-1　食赏兼备的庭院果树——海棠

表 3-1　推荐在庭院内种植的食赏兼用果树

乔木	木瓜、枇杷、柿子、樱桃、枣、番石榴、蒲桃
小乔木	海棠、李、毛樱桃、石榴、无花果、西梅、杏、梅
灌木	蓝莓、树莓、鹅莓
藤本植物	猕猴桃、葡萄、三叶木通（八月炸）

石榴 *Punica granatum*

石榴科
石榴属
7-10

株高2~3m（可达7m），落叶灌木或小乔木。5~6月开橙红色花，花萼质地较厚，呈钟形。秋季9~10月果熟，汁多可食。因其实多籽，故又有多子多福的寓意，在中式庭院中多有出现，与紫薇等植物共同构成中式庭院中别具一格的盛夏光景。石榴果实留在树上易裂开，需在成熟前采收，并放置在室内让其继续成熟。

喜光，喜温暖湿润气候，有一定的耐寒能力，在北京避风向阳的小气候良好处可露地栽培。生长速度适中，养护管理相对容易。

蓝莓 *Vaccinium uliginosum*

杜鹃花科
越橘属
2-8
☼☼☼ △

株高 1~1.5m（可达 2.5m），落叶灌木。蓝莓也叫笃斯，5~6 月开粉红色花，2~4 朵花成总状花序似一串铃铛。6~7 月果熟，浆果暗蓝色，可鲜食、制成果酱或酿酒。

喜光，耐寒能力强，蓝莓原产于亚洲、欧洲、美洲北部，我国东北和内蒙古东北部山地上有分布。喜欢富含落叶腐殖质的酸性土壤。生长速度适中，养护管理相对容易。

3.2 色彩斑斓的果树

庭院植物中还有很多观赏价值要大于食用价值的果树，除秋色叶树种外，它们是庭院秋色另一支主力军（图 3-2）。观赏果树的果实一般都小而密，聚集在一起，在深秋凋零的气氛中格外地引人注目。设计时可多使用春观花、秋观果的植物，来代替那些只能观花不能观果的植物，以增加庭院的季相变化。

栽植浆果类的植物可以吸引鸟类的到访，这类植物也称为招鸟植物。人们喜爱的樱桃、树莓、葡萄、杨梅、桑树（桑葚）等，也是鸟类喜欢的食物。还有一些植物的果实则是人们不食用、但鸟类喜欢的，如金银木、接骨木、香樟、矮紫杉、海桐、八角金盘等。不同色彩的庭院果树见表 3-2。

表 3-2　不同色彩的庭院果树

果实颜色	植物种类
红色	金银木、接骨木、天目琼花、火棘、南天竹、冬青类、花楸类、枸子类、裤裆果、郁香忍冬、蓝叶忍冬、接骨木、海棠类、柿子、樱桃、毛樱桃、树莓、李
黄橙色	贴梗海棠（具浓郁果香）、木瓜（具浓郁果香）、榅桲（具浓郁果香）、香橼（具浓郁果香）、佛手（具浓郁果香）、花楸类、苦楝、酸浆、番木瓜、枇杷、梨、杏、石榴、橘子、柠檬、沙田柚
紫色	小紫珠、日本紫珠、木通、三叶木通、西梅
蓝色	十大功劳、阔叶十大功劳、日本十大功劳、七筋姑、杜英、蓝莓、蓝靛果忍冬
绿色	枣、核桃、软枣猕猴桃、狗枣猕猴桃、刺果茶藨子（醋栗）
棕色	猕猴桃
白色	红瑞木、圆柏、侧柏、乌桕
黑色	黑果花楸、黑果枸子、鸡麻、香茶藨子、西洋接骨木、君迁子、黑果枸杞、美国茶藨子

图 3-2　吸引鸟类的庭院果树——金银木和花楸

小贴士

鸟类到访庭院不仅可以给庭院带来动感和悦耳的鸟语，而且对于庭院有特殊的生态意义。杂食性鸟类如白头鹎，既喜欢吃山楂、桑葚、樱桃、葡萄、乌桕、酸枣、梓树等植物的果实，也会以鳞翅目的幼虫（如蝶类、蛾类的幼虫）、蚊、蝇、蝗虫等昆虫为食，其食谱中有很多是危害植物的害虫。如果能够吸引白头鹎这样食虫的鸟类到来，对于庭院来说是大有裨益的。

酸浆 *Physali alkekengi*

茄科酸浆属
3-10
☼☼☼
◭

株高 0.5~0.8m，宿根植物。5~7 月开紫色花，8~10 月结橙红色果。果萼轻薄，看起来像灯笼，又名灯笼果、红姑娘。因果萼含水量低，故能一直保持颜色直至冬季。

喜光。耐寒，性强健，不择土壤。生长速度较快，养护管理相对容易，但因根状茎地下横走易窜根，最好栽植在花盆、种植池或具有隔离措施的地方。

小紫珠 *Callicarpa dichotoma*

马鞭草科
紫珠属
5-9
☼☼☼
◭

株高 0.5~1m（可达 2m），落叶灌木。花期 6~7 月，聚伞花序淡紫色，生长于叶间。果期 9~11 月，亮紫色。

喜光，稍耐荫。较耐寒。喜湿润环境，也耐干旱，但忌积水。喜肥沃深厚的土壤，但也耐瘠薄，不择土壤。根系发达，萌芽力和萌蘗力强，生长速度较快，养护管理相对容易。

黑果枸杞 *Lycium ruthenicum*

茄科 枸杞属
4-8
☼☼☼
◭

株高 0.2~0.5m（可达 1.5m），落叶灌木。枝条为白色，具有棘刺，上生细碎的绿叶，可以作为藤本植物使用，用作庭院的围篱。4~5 月开淡紫色花，6 月在枝条上结出一簇簇黑色果实，可鲜食、泡茶。果实因富含花青素而呈黑色。

喜光，不耐荫。原生于西北地区的沙地、河湖沿岸，不择土壤，耐旱、耐瘠薄也能够耐盐碱。颇耐寒，也耐热。十分适用于岩石花园。生长速度较快，养护管理相对容易。

毛樱桃 *Prunus tomentosa*

蔷薇科李属
3-9
☼☼☼
◭

株高 2~3m，落叶灌木。早春 4 月花叶同放，白花繁密，颇为美丽。夏季结红色果，果小，可生食，亦可用来做果酱。鸟类也十分喜食其果。果核仁可榨油或药用。

喜光，稍耐荫，可栽植于疏林下方。耐寒力强，形强健，耐干旱瘠薄，根系发达。生长速度适中，养护管理相对容易。

西洋接骨木 *Sambucus nigra*

五福花科
接骨木属
2-9
☼☼☼
◭

株高 3~4m（可达 8m），落叶灌木或小乔木。5~6 月开黄白色小花，呈扁平的聚伞花序，是优秀的蜜源植物。9~10 月结亮黑色浆果状核果，颇受鸟类喜爱。目前还培育出了金叶、花叶、黑叶、裂叶等品种。

喜光，亦耐荫，可栽植于疏林下方。耐寒力强，形强健。生长速度适中，养护管理相对容易。

刺果茶藨子（醋栗）*Ribes burejense*

茶藨子科
茶藨子属
2-7
☼☼☼
◭

株高 1~1.5m，落叶灌木。在庭院中作刺篱使用。5~6 月开淡红色花，果期 7~8 月，浆果球形，径约 1cm。果味酸，含多种维生素、糖、有机酸和果胶，可制成果酱、果酒，是珍贵的水果。适合栽植于北方的岩石园中。

喜光，稍耐荫，可栽植于疏林下方。耐寒力强，习性强健。生长速度适中，养护管理相对容易。

第4章
枝干和树形

庭院设计其实也是一种空间设计。设计建筑时会有板、梁、柱、墙等结构，那么在设计庭院时，往往是利用植物形成各种结构分隔不同空间。植物的枝条，是构成庭院空间骨架的关键元素。不同植物在枝条上的特点可构成不同感受的空间。除此之外，枝条本身也是一种装饰元素。树木枝条具有颜色和纹路，能够为肃杀的冬季增添些许颜色和装饰。

4.1 枝是什么？

认识枝条（图4-1），可以理解植物树形构建的方式，更重要的是可以帮助大家掌握有关植物修剪的原理。如果你在修剪植物时感到无从下手，那么希望下面的内容能够帮助你。

4.1.1 茎与节

茎是连接根与叶、芽、花、果实的通道，有圆柱形、三棱柱形、四棱柱形、多棱柱形甚至是扁平叶状等状态。通常将着生叶和芽的茎称为枝或枝条。茎上着生叶（叶腋处着生芽）的部位为节，节与节之间的茎段称为节间。修剪的时候，一般在节间上侧剪切，不在节上剪切，因为这样会伤到节上着生的芽。

4.1.2 芽

芽是处于幼态、尚未伸展的枝、花或花序。在进行修剪前，要清楚植株上芽的类型及其未来发育的结果，才能有的放矢地进行修剪。顶芽与腋芽因着生位置固定又称为定芽。有的植物可以在根、茎节或叶上长芽，这些芽着生的位置不固定，所以又称为不定芽（图4-2）。芽开放后发育成枝和叶的芽称为叶芽，开放后发育成花或花序的芽称为花芽。通常而言，同一枝条上的花芽要比叶芽饱满（图4-3）。开放既形成枝和叶，又形成花或花序的称为混合芽。

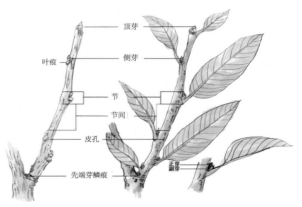

图 4-1　树木枝条

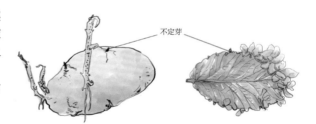

图 4-2　不定芽

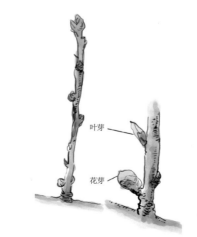

图 4-3　叶芽、花芽

在生长季能萌发生长形成枝叶、花或花序的芽称为**活动芽**；在生长季不活动、处于休眠状态的芽称为**休眠芽**。木本植物通常顶芽及其附近的腋芽是活动芽，其他腋芽是休眠芽。芽的休眠是植物对逆境的一种适应，与遗传有关，或因顶端优势导致植株体内生长素分布不均匀所致。**顶端优势**是指植物的顶芽优先生长而侧芽受抑制的现象。如果由于某种原因（如修剪）顶芽去除，侧芽的抑制解除就会迅速生长（图4-4）。

芽的顶端优势持续时间，将影响植物分枝的方式（表4-1）。

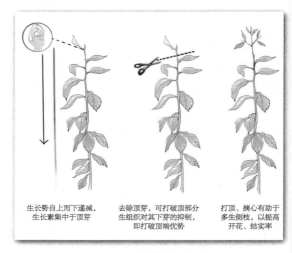

生长势自上而下递减，
生长素集中于顶芽

去除顶芽，可打破顶部分
生组织对其下芽的抑制，
即打破顶端优势

打顶、摘心有助于
多生侧枝，以提高
开花、结实率

图4-4 顶端优势示意图

表4-1 枝条的分枝方式

枝条的分枝方式	示意图
单轴分枝	
合轴分枝	
假二叉分枝	

一个枝条上，枝条基部和顶端附近的腋芽，不如枝条中部靠上的腋芽饱满，这被称为**芽的异质性**（图4-5）。一般来说，春季气温低、光照短，加之早春缺水干旱，植物光合作用强度较低，积累的养分较少，所以春天形成的芽不饱满。夏季气温高、日照长、雨水充沛，植物光合作用强度高，积累的养分充足，所以夏季形成的芽十分饱满。到了秋季，日照变短、气温降低，植物光合作用强度又开始下降，所以秋季形成的芽也较不饱满。修剪时需注意芽的异质性，保留饱满的芽。

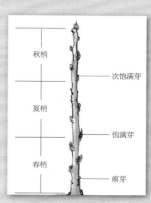

图4-5　芽的异质性示意图

4.2　枝干形态和颜色

优美有特色的枝干也是庭院中的装饰性元素。从形态上考虑，部分植物具有特殊枝条形态，能增加庭院景观的细节。**垂枝形**的枝条给人以类似于垂柳的飘逸、潇洒的感觉，随风飘荡的枝条还能增加庭院的动态，如垂枝榆、垂枝梅、垂枝海棠等。**龙游形**的枝条看起来虬曲、独特，在冬季也能成为独特的景观，如龙游桑、龙游梅、龙爪槐等。还有一些竹类的茎秆形态特殊，如佛肚竹、龟甲竹等。这些具有特殊枝干形态的植物，在中式庭院中尤其受欢迎。

从颜色上考虑，通常把枝干不是灰黑色的植物，认为是彩干植物（表4-2）。这些植物能够成为庭院的另一色彩来源。枝干提供的色彩，是构成庭院冬季景观的重要部分。在生长季节，彩干植物也能作为色彩的补充或点缀，带来具有线条感的色彩。

小贴士

芽越饱满，抽出的枝条越强壮；芽越不饱满，抽出的枝条越细弱。此外，芽在枝条上的方向也将影响未来枝条的方向。所以可以根据树木造型需要修剪或者掰芽，保留不同饱满程度和方向的芽，控制植物分枝的生长方向。

表4-2　庭院中的不同枝干颜色的植物

枝干颜色	植物
白色、灰白色	白桦、黑果枸杞
红色	红瑞木、红桦、血皮槭
黄色	金丝垂柳、金枝槐、金枝梾木、金镶玉竹、五叶地锦
绿色	木贼麻黄、迎春、早园竹
紫色	紫竹
有斑纹、纹路	大花六道木、斑竹（湘妃竹）、白皮松
古铜色	山桃

白桦 *Betula platyphylla*

株高6m（可达20~25m），落叶乔木。树皮光滑洁白，且多层纸状剥离，可以收集起来用于书写收藏。花序为柔荑花序，观赏性不强。但秋色叶金黄绚丽。同属中还有树皮泛红色的红桦（*B. albo-sinensis*）。

喜光。喜冷凉气候，不耐炎热，耐严寒。喜酸性土，耐瘠薄，耐水湿，生长速度较快。

桦木科 桦木属 2-7 ☆☆☆ △

红瑞木 *Cornus alba*

山茱萸科
梾木属
2-9

株高 1.5~2m（可达 3m），落叶灌木。冬季枝条鲜红色。6~7 月开白色花，成伞房状聚伞花序。8~10 月结果，核果白色略带蓝色。秋色叶红色，颇为美丽。适合丛植于草坪边缘、水岸。目前还有珊瑚红色枝条的'珊瑚'（'Sibirica'）、紫色枝条的'紫枝'（'Kesselringii'），以及彩叶的'金叶'（'Aurea'）、'斑叶'（'Gouchaultii'）、'银边'（'Variegata'）、'金边'（'Spaethii'）等品种。

喜光，亦耐半荫。耐寒，耐湿，也耐干旱瘠薄。生长速度较快。

4.3　树形

枝条的特性和分布结构的差异，不同植物具有不同的树形（表 4-3）。此外，树木的树形在其一生中并不是一成不变的，随着树木的离心生长和自然更新，树木的树形还会发生很多变化，比如油松幼年时是尖塔形，随着年龄增长逐渐变为伞形。

表 4-3　庭院常用不同树形的植物

树形	示意图	植物种类	庭院应用
圆柱形		北海道黄杨、铅笔柏	绿篱、景观树（视觉焦点）
尖塔形或圆锥形		灯台树、青杄、雪松、圆柏	景观树（视觉焦点）
卵形或广卵形		侧柏、椴树、蒙古栎、木槿、七叶树、玉兰	庭荫树
圆球形或扁球形		鸡爪槭、栾树、元宝枫	庭荫树
倒卵形或倒钟形		榉树	庭荫树

（续）

树形	示意图	植物种类	庭院应用
伞形		龙爪槐、油松	景观树（视觉焦点）、庭荫树
垂枝形		垂柳、垂枝海棠	庭荫树
拱枝形		连翘、锦带花、喷雪花、迎春	绿篱、边界
匍匐形		铺地柏、平枝栒子	绿篱、边界

　　经过精心搭配树形，可形成有韵律感和层次感的植物群落。除自然成形的树形外，还有人工修剪的树形。自然式庭院强调每个枝条的走势和姿态，通过修剪、整形、拉扯固定枝条等栽培技术，塑造疏朗有致、参差错落的造型树形。但在规则式庭院中，常用整齐修剪的树篱或造型精致的植物雕塑（图4-6）。

　　在选择庭荫树时，除考虑选择树形开张的类型，还要注意**枝下高**。枝下高是指树木最下方的枝条距离地面的高度。与城市公共

图4-6　规整式庭园中整齐修剪的绿篱和"棒棒糖"造型植物

绿地相反，庭院之中不适合使用枝下高超过3m的庭荫树，如法桐、国槐等。因为树木的分枝点高，对视线的遮挡差，不利于庭院隐私性和小空间的形成。小庭院可选枝下高2~2.5m的植物作为庭院空间骨架，既能遮荫，又可形成良好的私密性（图4-7）。

图4-7　枝下高对空间私密性的影响

第 5 章
植物群落

自然界不会浪费一寸土地。从沙漠到雪山，但凡有丁点机会，都将迸发出生机。而同一时间聚集在同一地点上的各物种组合在一起，就形成了**群落**（Community）。Community 也有"社群"的含义，植物群落就像是由植物组成的"社群"，很多生态学家甚至会借用经济学家提出的理论来研究群落生态学的问题。实际上，植物群落中不仅仅有植物，还包括穿梭和栖息其中的动物与微生物。

在植物群落中，植物会思考和取舍，权衡利弊。群落中的每株植物都是"精明的投资者"，它会感知周遭环境，并将自己所拥有的资源利益最大化，以此来谋取更多生存资源和生存机会。

5.1 适应

植物被移栽到庭院里做的第一件事，就是感知周围的环境，并适应新环境。在这个过程中，有些植物能够良好适应，但有些却营养过剩而疯长，有些因为水土不服而生长不良。为了让植物顺利成活，要尽量将植物栽植在适合的环境中。

5.1.1 植物对光的适应

缓苗：一些植物虽然喜光，但如果从苗圃或温室中直接移栽到室外全阳环境下，很可能会适应不了强烈的光照和干燥的空气而焦叶甚至死亡。可将这样的幼苗置于有遮荫的地方先做缓苗处理。等植物适应一段时间，再移植到全阳环境下，成活率会大大提高。

趋光性：如果将植物栽在靠墙的位置，久而久之植物会生长倾斜、茎干弯曲，探向光照充足一侧。将植物栽在树冠阴影区，植物茎叶也会有向树冠外生长的趋势。

光周期：地球的自转和公转带来了四季变化，也使日照时长发生周期性的变化。植物响应光周期，其生长发育过程（抽枝、展叶、开花、结果、落叶、休眠等）与季节和日照时间同步的现象称为光周期现象（图 5-1）。其中光周期对植物开花过程的影响最重要（表 5-1）。

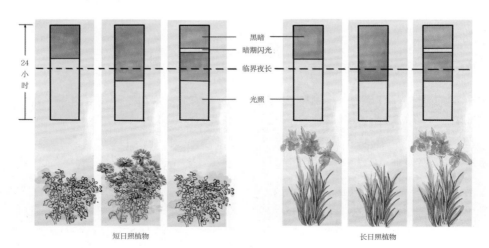

24 小时

黑暗
暗期闪光
临界夜长
光照

短日照植物 　　　　　　　　　　　　　长日照植物

图 5-1　光周期示意图

表 5-1　短日照植物、长日照植物和日中性植物的开花条件和代表植物

植物类型	开花条件	代表植物
短日照植物	日照时长必须少于临界值	菊花、紫菀
长日照植物	日照时长必须多于临界值	醉蝶花、波斯菊、羽叶茑萝、万寿菊、柳叶马鞭草、唐菖蒲
日中性植物	长日照或短日照均能现蕾	四季秋海棠、双腺藤

> **小贴士**
>
> 临界值并不是"12 小时"。不同植物的临界值可能不同，可能是 12 小时，可能是 8 小时，也有可能是 13 小时，这与植物原产地的环境有关。
> 暗期可以被一定时间的照明打断，达到缩短暗期的目的。

5.1.2　植物对温度的适应

温度会影响植物体内酶的活性，而酶作为植物体内各种生化反应的催化剂，其活性会直接影响植物体内各种生化反应的进行。植物只有在适宜的温度范围内才会生长良好，但不同植物最适温度的范围不同。一旦超出了植物的适生温度范围，植物的生长将受阻。

高温：温度过高时，植物蒸腾加剧开始萎蔫，甚至开始落叶。一旦植物的萎蔫超过不可逆点就会死亡。高温环境还易滋生病虫害，对植物造成二次损伤。这常是原产高山、高纬度或地中海气候环境的植物越夏困难的原因。夏季高温，有些植物地上部分停止生长或枯萎，进入休眠期。

低温：当温度下降时，植物落叶，进入低温休眠。一旦温度低于植物所能忍受的极限值，就会导致植物细胞膜冻裂，在幼嫩部位（如新枝、嫩叶、嫩芽）迅速出现冻伤，严重的话会造成植株死亡。

昼夜温差：白天温度较高时，会提高光合作用酶的活性，加快淀粉等糖类的合成；夜间温度较低时，会降低呼吸作用酶的活性，减弱呼吸作用而减少植物碳水化合物养分的消耗。也就是说，昼夜温差大能帮助植物"开源节流"，既能促进植物生长，还能促进植物风味积累。昼夜温差大的新疆产出的葡萄非常甜美，正是这个道理。

年积温与生长季：年积温指一年中所有平均气温 ≥ 10℃ 的日子的日平均气温的总和，可以表示当地生长季的长短。南方（年积温 4500~8000℃）比北方（年积温 1600~4500℃）生长季长，低海拔比高海拔地区生长季长。南方植物移到北方，山底植物移植到山顶，会发现植物因有效积温时期缩短，营养生长时间变短，从而植株变矮，花果期提前。这是因为植物感知到环境变化，在气温降低、休眠之前尽快开花繁殖完成生长周期而做出的适应性改变。

5.1.3　植物对土壤和水分的适应

水涝：土壤中含水越多，土壤中氧气含量就越少。氧气不足时植物的根系进行无氧呼吸，碳水化合物不完全氧化产生大量的酒精，导致烂根。对于不耐水湿的植物，需要将它们栽植在排水良好、疏松、肥沃的土壤之中，且最好栽植在地势较高处，以利排水；有些耐水湿的植物如水松、池杉、落羽杉等具有呼吸根，若将它们栽植在水边或河流湖泊的消落带中时，它们就会从土里钻出许多高过水面的呼吸根，形成奇特的景观。

干旱：干旱有时会促使植物提早开花、结实。这是因为植物感受到水分胁迫以后，会做出适应性调整，尽快开花并繁育后代，利用极耐干旱的种子来帮助种群度过逆境。待雨水降临时，这些种子就能萌长成新的个体（表 5-2）。春季的干旱对植物的影响最大，很多植物越冬后死亡，不是死于冬季的低温，而是亡于春季的干旱。

表 5-2　不同水分特性的庭院植物

植物特性		植物种类
耐干旱		白蜡属、薜荔、柽柳、臭椿、垂柳、丁香属、构树、桂香柳、海棠花、海州常山、旱柳、胡颓子、黄栌、黄杨、夹竹桃、金银花、蜡梅、连翘、流苏树、毛棣木、木麻黄、木棉、糯米条、桑树、山荆子、石榴、柿子、丝绵木、桃、乌桕、迎春、月季、柘树、紫荆、紫穗槐、紫藤、紫薇
耐水湿		白桦、白蜡属、薄壳山核桃、柽柳、池杉、垂柳（强于旱柳）、棣棠、枫杨、构树、桂香柳、海州常山、旱柳、胡颓子、君迁子、栾树、落叶松、落羽杉、茉莉、木芙蓉、糯米条、桑、水松、丝绵木、乌桕、喜树、香椿、悬铃木、樟树、重阳木、紫穗槐、紫藤
不耐水湿		臭椿、刺槐、枫香、海棠花、河北杨（耐短期水湿）蜡梅、栎属、木瓜、木槿、石榴、桃、杨属（加杨）、榆树、紫荆
不耐积水	肉质根植物	八仙花、白兰花、鹅掌楸、胡桃、牡丹、木兰、山茶、梧桐、玉兰
	其他植物	矮紫杉、丁香属、杜鹃花、桂花、合欢、金钱松、榉树、连翘、梅、七叶树、山茶、山荆子、贴梗海棠、小檗、迎春、月季、紫薇
不耐干旱		鹅掌楸、金钱松、蜡瓣花、茉莉、女贞

土壤肥力： 土壤条件是影响庭院植物生长最重要的因素。庭院中植物长得好坏与土壤肥力直接相关。栽培植物因长期人工选择，喜高肥力土壤。庭院中高肥力壤土，会带来植物的蓬勃生长。但原生于贫瘠干旱环境下的野生植物，移植到土壤肥力好的庭院中，可能会生长过旺。比如在山野中 40cm 高的地榆，移栽到庭院中，可能会疯长到一人高，失去原有的观赏效果。

土壤酸碱性： 原产南方，或是生长于针叶林下腐殖土中的植物，喜酸性条件的土壤，比如杜鹃、山茶等。生长于石灰质土壤中的植物是喜碱性土壤植物。如果将喜酸性土壤栽植在碱性土壤中，会导致生长不良，反之亦然。土壤的酸碱性还能影响一些植物的花色（图 5-2）。

土壤深度： 屋顶花园应为承重等原因土层通常较薄（50cm），植物根系在其中只能横向生长，这对直根系植物来说尤其不利。直根系的乔木等栽植在浅土层中的植物株形会变矮，植物也会缩短生长周期，如晚发芽早落叶。

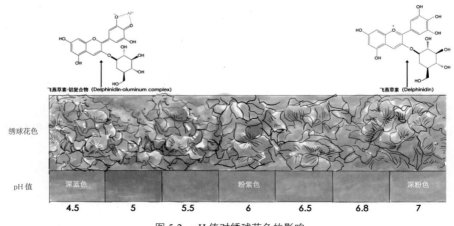

图 5-2　pH 值对绣球花色的影响

不同土壤特征下适生的庭院植物见表 5-3。

表 5-3　不同土壤特征下适生的庭院植物

土壤特性	植物种类
酸性土壤	白桦、白兰花、蓝莓（笃斯）、杜鹃花、杜仲、含笑、夹竹桃、金银花、山茶、悬铃木、玉兰、樟树
碱性土壤	垂柳、杜仲、旱柳、夹竹桃、金银花、君迁子、悬铃木、迎春（除洼地外均能生长）、玉兰（弱碱性）
盐碱性土壤	白蜡属植物、侧柏、柽柳、臭椿、大叶黄杨、杜梨、杜仲、枸骨、桂香柳、国槐、旱柳、合欢、黑松、火炬树、加杨、君迁子、楝树、罗汉松、桑树、柿子（轻度）、乌桕、榆树、圆柏、枣树、皂荚、紫穗槐
干旱瘠薄土壤	白蜡属植物、柏木、侧柏、柽柳、臭椿、刺槐、丁香属植物、杜梨、枫香、构树、桂香柳、胡颓子、黄连木、黄栌、火棘、夹竹桃、君迁子、栎属、连翘、柳属、木槿、糯米条、铺地柏、青檀、桑、沙地柏、山胡椒、山楂、猬实、文冠果、悬铃木、榆树、圆柏、月季、枣树、柘树、紫穗槐、紫藤
钙质土土壤	柏木、柏木、臭椿、杜仲（耐轻度钙土）、构树、君迁子、南天竹、青檀、石榴、柘树

5.2　竞争

植物除了能适应环境，发生外在或内在的改变，还会对周围的植物产生影响。当植物聚集在一个空间里，面对有限的生存资源（生长空间、光照、养分、水分等），为了生存下去，必然会使出"浑身解数"。而占领资源要消耗成本，能够以最少的投入换取最大资源的植物，在竞争中将处于优势地位。那么植物在面对竞争时，都有哪些策略呢？

5.2.1　繁殖

占据更大领地就能获取更多资源，所以植物竞争最常用的策略就是繁殖。很多植物都同时具有无性繁殖和有性繁殖两种方式。

无性繁殖：通过营养器官（如根、茎、叶、芽等）进行繁殖，过程中没有受精卵（或合子）的形成。无性繁殖以母体为模板快速进行复制，资源投入少，速度快，可帮助植物快速占领母体周围的空间，比如一片竹林常由一株竹子无性繁殖而来。但无性繁殖后代基因型一致，在面对剧烈环境变化时（比如病虫害爆发）会束手无策，没有可适应新环境的基因型或突变体，导致植物在地区范围内迅速消失。

有性繁殖：通过生殖器官进行繁殖，过程中有受精卵（或合子）发生基因重组形成。有性繁殖形成种子，可借助各种自然力（机械力、风力、水流等）和动物进行更远距离的传播，占领更多领地。有性繁殖过程需要消耗大量营养，但能产生大量变异丰富的后代，占领更大范围的空间，以及形成更为丰富的基因组成来应对不可预知的突如其来的环境变化。

小贴士

从演化角度上看，能利用有限资源产生更多后代、占据更多资源的个体具有生存优势。但从小庭院维护的角度看，自播能力强的植物却是"自私"的。因为它们会排挤其他植物，不能形成和谐景观，且一旦引入就很难清除干净，给庭院管理带来麻烦。但如果庭院面积足够大，这些繁殖能力强的植物能轻易长成一片，反而能减轻维护工作，并形成壮观的景色（表 5-4）。

表 5-4   繁殖力较强的庭院植物

有性繁殖能力强、极易自播的植物	波斯菊、草木樨、大花马齿苋、鸡冠花、硫华菊、狼尾草、柳树、香椿、杨树
无性繁殖能力强、极易窜根的植物	金银花、竹子、酸浆、薄荷、肥皂草
两种繁殖能力均很强的植物	百脉根、高山紫菀、加拿大一枝黄花、赛菊芋、山桃草、随意草、芦苇

5.2.2   他感作用

植物虽没有大脑，但彼此却也能够"交流"。最普遍的交流方式是"他感作用"，指由生物体内分泌到体外的化学物质，并对其他物种或本种植物其他个体发生影响的现象。

他感作用：他感作用堪称植物争夺资源过程中的"化学武器战争"。这类"化学武器"会影响其他植物的生长发育，以驱除异己（图 5-3）。

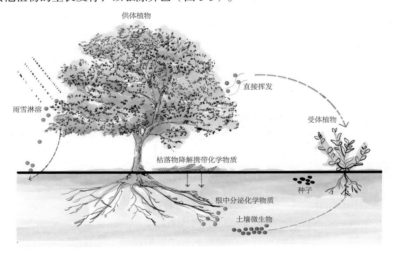

图 5-3   他感作用示意图

甲之砒霜，乙之蜜糖。他感作用有时还会是"礼物"（表 5-5）。已有试验证明，紫罗兰与葡萄一同栽种时，能够增加葡萄叶片的叶绿素含量，促进葡萄枝条的生长；还可以促进葡萄果穗纵径加长，增加果实可溶性糖类的含量，并让葡萄提前着色，提升葡萄果实的品质的同时促果实成熟。此外，紫罗兰叶片的挥发物对葡萄常见的霜霉病具有抑制作用。

表 5-5   提高受体植物风味的植物

受体植物种类	能够促进其风味的植物
番茄	琉璃苣、罗勒、马郁兰、欧夏至草、香蜂草、芫荽
辣椒	欧夏至草
甘蓝 （包括卷心菜、西兰花、花椰菜等）	牛膝草、莳萝
葡萄	紫罗兰、牛膝草
芦笋	芫荽
草莓	琉璃苣
葫芦科各种瓜类	琉璃苣

自毒作用： 有些植物释放的"化学武器"甚至会对同种植物的其他个体产生抑制作用，也称为"自毒作用"。比如桉树栽植密度过高时，会在环境中积累大量自毒物质，抑制桉树幼苗生长；桉树密度较低时，环境中积累的自毒物质少，不足以引起抑制作用，因而植株数量又能回升。自毒作用可以帮助植物种群形成资源利用率最高的种群密度。同时，亲缘关系近的植物易产生相似或相同的自毒物质，也不宜连作。

观赏植物他感作用的研究较少，农作物他感作用研究较深入。利用他感作用原理，某些植物的提取液可制成生物除草剂（表5-6）。

表 5-6　植物通过自毒作用和他感作用竞争

类型		植物
自毒作用（同种或同科植物不宜连作）	茄科	茄子、土豆、辣椒、番茄
	葫芦科	西瓜、黄瓜、冬瓜、南瓜、苦瓜、西葫芦等各种瓜类
	豆科	豇豆、豌豆、四季豆、花生等各种豆类
	菊科	翠菊、菊花
	蔷薇科	草莓、桃
	天门冬科	石刁柏
他感作用		核桃、云杉、冷杉、栎树、刺槐、桉树类分泌物能影响和毒害周围很多植物，或会对树下植物产生抑制
		桃树不宜与苹果、梨、山楂等果树同种
		榆树不宜与栓皮栎、蒙古栎、白桦同种，会造成栎属植物和白桦发育不良；榆树根系的分泌物会导致葡萄的减产甚至死亡
		柏树不宜与栎属植物和白桦同种，会互相伤害
		番茄根系的分泌物对各类蔬菜的种子和幼苗生长发育有抑制作用；其附近栽种的葡萄会生长不良
		葡萄不宜与甘蓝同种，会使葡萄生长不良
		水仙不宜与铃兰同种，二者同种会两败俱伤；铃兰不宜与丁香同种，会使丁香花萎蔫；丁香和水仙种于相同地点，会导致水仙生长不良甚至死亡
		薄荷属、蒿属植物分泌的挥发油能抑制豆科植物幼苗的生长

5.2.3　生态位

生态位指一个种群在群落中的时空位置及其与相关种群之间的功能关系与作用。这个概念颇为抽象，但如果把植物的竞争比喻为一场战争，那么"繁殖"策略是采用"人海战术"，"他感作用"是发动"化学武器战争"，而"生态位分化"更像是"三十六计，走为上计"。

植物为了生存下去，不一定非得争出你死我活，最简单的办法其实是避免竞争。资源是有限的，但不同植物对资源需求的数量和形式可以是多样的（图5-4）。

以光照资源为例，热带雨林中对光照需求量多的植物，长到植物群落的上方，享受最充足的光照资源，成为高大的乔木；而苔藓或地衣长得就比较矮，树叶缝隙间漏下来的光照就能满足他们。在乔木和苔藓之间，还会有很多不同高度的小乔木、大灌木、小灌木、草本植物、附生植物、寄生植物、藤本植物等，它们层层叠叠，各自占领一个位置，将光照资源充分利用起来，比较特殊的藤本植物被称为层间植物，这些植物共同形成一个立体的群落结构。再比如说水资源，有些植物对水分需求多，如水生植物；而有些需求较少，如草原上的宿根植物多耐旱。

植物通过占据不同的"生态位"来避免竞争，这种策略也叫作"生态位分化"两个或两个以上生态位相似的物种生活于同一空间时，就会分享或竞争共同的资源，这就是"生态位重叠"。根据"生态位重叠"的原理，在植物群落中，如果一种植物已经占据了一个生态位，那么另一种与它在生态位上相似的外来物种，就很难再进入群落之中；相反，如果这个外来物种具有极其独特的生态位，不与群落内物种的生态位重叠，那么它就很有可能成为群落的侵入物种。

A. 月季　　　B. 千屈菜　　　C. 荷花

植物对于资源的需求不是一个恒定的数值，一般是一个范围。即当环境能够满足某种植物对资源需求的最小值时，这种植物就可以在这个环境中生长。

图5-4　月季、千屈菜、荷花的水份需求

注：根据植物对光照和水分需求范围，可在直角坐标系中画出一个"圈"。圈越大，代表这种植物适应环境越宽泛，竞争力越强；圈越小，代表植物适应的环境就越独特。同时，相离的"圈"代表两种植物对资源的需求不同，不存在竞争；相叠的"圈"则说明二者对资源的需求相似，重叠面积大则二者越可能互为竞争者。

结　语

（1）大自然设计的植物群落总是能够将资源利用最大化。我们在设计花园时要向自然学习，提供足够多的"生态位"，比如营造丰富的地形变化、提供多样的生长环境空间，并尽量避免植物之间的竞争，使不同的植物能够共存，就能使景观自然、富有层次，而且降低管理的成本。

（2）用合适的物种去占领本来属于杂草的"生态位"，那么根据"生态位重叠"的原理，这个群落就不能再为其他杂草提供"生态位"了，可以有效地抑制杂草。生态位理论可以解释很多植物群落的现象，需要植物设计师了解。

5.3　植物与其他生物

植物群落中除了植物，还存在微生物、昆虫、节肢动物、脊椎动物等其他生物。植物除了需要处理与其他植物的关系，还要处理与这些生物之间的关系。群落中的所有物种都在谋求生存，他们比人类更先学会了结盟、利用与离间。

5.3.1　与微生物共生

植物根系周围的土层被称为"根际环境"，它就像是一个繁忙的货运港口，无时无刻不在发生着物质的交换流动。在根际环境中，植物与一些微生物成为朋友。带土坨移栽植物可减少根系损伤，并避免植物与它的好朋友分离，可最大化保持根际环境的稳定，从而能够提高植物的成活率。

与细菌共生： 许多豆科植物能与根瘤菌科的细菌共生。豆科植物根系为根瘤菌提供住处以及生长所需的营养；而根瘤菌就像是天然的氮肥"合成车间"，固定大气中的氮并转化为植物可以使用的形式，以促进植物的生长。庭院开荒后，时间允许的情况下可先种植一季大豆做绿肥，这样可改善土壤条件、增加土壤肥力。

与真菌共生： 超过四分之三的植物都有合作的真菌。真菌在植物的幼根表面生长，利用其菌丝形成大量垫状物，与幼根交织在一起，部分菌丝还能穿入根皮层组织，形成"菌根"。菌根可增强植物吸收水分和营养物质的效率，增加植物对致病菌的防御力，提高植物对土壤干旱、瘠薄、酸碱、低温的耐受性。且菌根分泌的生长激素也能促进植物生长。作为回报，寄主植物会为真菌提供生长所需的营养，以维持这段"伴侣关系"（图5-5）。

5.3.2　对抗病虫害

"世上没有永远的敌人，也没有永远的朋友。"这句话在植物群落中仍然适用。曾经使用各种方式竞争的植物，在面对病虫害时都可能结盟，各抒己长，一致对外。

1. 趋避植物——群落中的"战士"

趋避植物指阻碍周围有害生物接近的植物，能发挥杀虫、防虫、抑菌、防腐的功能（表5-7）。易生蚜虫的月季可与唇形科的荆芥、鼠尾草、薄荷等竖线条香草植物同种，不仅景观搭配和谐，还能减少月季的病虫害，是经典植物搭配组合。葱属（石蒜科）中的大蒜、葱、洋葱、韭菜等植物中的含硫化合物、大蒜素均有驱虫、抑菌的效果，能够帮助多种植物抵抗病害，如苹果轮纹病菌、辣椒疫霉菌、青霉菌、镰刀菌、立枯丝核菌等。

土壤根结线虫能使植物根系增粗、形成根结、腐烂，最终导致植物因根系吸收受阻而变得衰弱、死亡。许多庭院植物是根结线虫的寄主，如月季、菊花、水仙、芍药、美人蕉、栀子、桂花、葡萄、松等。研究发现，万寿菊、孔雀草、曼陀罗、印楝、牛角瓜、大丽花等植物中的一些有机酸和生物碱具有杀害根结线虫的效果，这些物质可随着植物枯落物渗透入土壤中，能预防根结线虫病害的发生。

分泌酶和生长激素　　　菌根

图 5-5　菌根的示意

小贴士

在移栽植物后，可以购买菌肥，撒入植物根区。一些寄生在植物上的大型真菌产生的子实体，正是人们餐桌上的蘑菇类蔬菜。可以在市场中购买已经接种了食用菌菌根的树木（如松露等）在庭院中栽培食用菌。

表 5-7　常见的趋避植物

科	趋避植物
唇形科	罗勒、香蜂草、荆芥、牛膝草、夏至草、薰衣草、马郁兰、薄荷、夏香薄荷、普列薄荷、牛至、迷迭香、鼠尾草、百里香、紫苏、碰碰香、藿香、神香草
菊科	洋甘菊、菊花、大丽花、万寿菊、金盏菊、除虫菊、青蒿、艾蒿、龙蒿、茵陈蒿、艾菊、蓍草
芸香科	芸香、柠檬、柚子、花椒、胡椒木、九里香、黄檗、白藓
石蒜科	韭菜、大蒜、洋葱、大葱、北葱
茄科	辣椒、曼陀罗（有毒）、矮牵牛、龙葵（有毒）
伞形科	细叶芹、芫荽、莳萝、茴香
樟科	香樟、月桂、肉桂
紫草科	琉璃苣、紫草
其他	接骨木、旱金莲、八角茴香、辣根、印楝、牛角瓜

2. 诱集植物——群落中的"盾兵"

诱集植物能吸引主栽作物或果树免受害虫危害。叶菜类蔬菜是最常见的诱集植物，比如十字花科芸薹属的大白菜、小白菜、娃娃菜、油菜、芥菜、甘蓝、卷心菜、西兰花、花椰菜等，它们能吸引鳞翅目的蝶类、蛾类的幼虫（俗称"毛毛虫"），以及喜食植物嫩茎的蚜虫。具有诱集作用的叶菜植物和具有趋避作用的香草植物种植在一起，是蔬果花园的经典配植模式——既提供了多样化的食物，又便于对庭院病虫害进行管理。

3. 蜜粉源植物——群落中的"召唤师"

蜜粉源植物是指能为昆虫提供花蜜或花粉的植物。与能吸引害虫的诱集植物相反，蜜粉源植物的技能是"召唤"害虫天敌，比如瓢虫、食蚜蝇、草蛉、寄生蝇、寄生蜂等昆虫（图 5-6）。这些昆虫除了捕食或寄生害虫以外，还会以花蜜花粉作为重要的营养来源。在庭院中栽植蜜粉源植物可以吸引它们到访，增加庭院生物多样性的同时，也能"以虫治虫"，将庭院生态环境维持在巧妙的平衡之中（表 5-8）。

表 5-8　吸引益虫的庭院植物

益虫种类	能够吸引益虫到访的植物
瓢虫类 主要捕食蚜虫、蚧壳虫等	高山委陵菜、岩生庭荠、匍匐筋骨草、莳萝、茴香、春黄菊、洋甘菊、钓钟柳、穗花婆婆纳、艾菊、蓍草、百日草、香雪球、大蒜、韭菜、细香葱、天竺葵、香蜂草、薄荷、香菜、欧芹、万寿菊、矢车菊、波斯菊、金鸡菊、松果菊、向日葵、马利筋、夏枯草、海石竹、旱金莲
食蚜蝇类 主要捕食蚜虫、蚧壳虫、粉虱、叶蝉、蓟马、蝶和蛾类幼虫等	香雪球、高山委陵菜、岩生庭荠、香蜂草、匍匐筋骨草、金鸡菊、大波斯菊、高山紫菀、莳萝、薰衣草、茴香、春黄菊、洋甘菊、钓钟柳、穗花婆婆纳、蓍草、药水苏
寄生蜂类 主要寄生于蝶和蛾类的幼虫或卵、蚜虫、蜘蛛等	高山委陵菜、大波斯菊、莳萝、茴香、春黄菊、洋甘菊、独活、艾菊、蓍草、百日草
寄生蝇类 主要寄生于蝶和蛾类的幼虫或卵、甲虫类幼虫等	除虫菊、波斯菊、茴香、春黄菊、洋甘菊
草蛉类 主要捕食蚜虫、蚧壳虫、木虱、叶蝉、蓟马、蝶和蛾类幼虫或卵等	莳萝、春黄菊、洋甘菊

a）半翅目的某种蝽

b）草蛉

c）青条花蜂

d）菜粉蝶

图 5-6 吸引了多种昆虫的绒毛马鞭草

蜜粉源植物还能吸引传粉者的到访，比如蜂类、蛾类和蝶类的成虫，蝶飞蜂舞，增加庭院动感的同时，还能为庭院中的果树、花卉增加授粉的机会（表 5-9）。蜜源植物也是打造蜜蜂园和蝴蝶园的关键植物。

表 5-9 吸引传粉者的蜜源植物

传粉者	蜜源植物
蜂类	油菜、刺槐、紫云英、棉花、柑橘、枣树、荆条、草木樨、向日葵、荞麦、沙枣、鹅掌柴、乌桕、荔枝、龙眼、枇杷、胡枝子、百里香、泡桐、茴香、甘薯、大豆、紫苏、益母草、夏香薄荷、荆芥、香蜂草等香草
蝶类和蛾类	马利筋、马缨丹、臭牡丹、三角梅、醉鱼草、一串红、合欢、忍冬、百日草、秋海棠、扶桑、长春花、腺茉莉、蛇鞭菊、黄花菜、萱草、卷丹

4. 指示植物——群落中的"情报员"

指示植物虽然不能趋避或诱集病菌和害虫，也不能吸引害虫天敌，但能为田间管理者提供霉菌病害的预警。比如玫瑰与葡萄都会感染导致无法结果的白粉病和造成叶子枯死的霜霉病。但玫瑰在遇到这两种病菌时，却要比葡萄更早出现症状。这也是为什么葡萄园中经常会在地头种植一株玫瑰的原因。上述的诱集植物通常也是指示病虫害的植物。

有些指示植物可以指示环境污染。如紫花苜蓿、向日葵在遇到较高浓度的二氧化硫时叶绿素被破坏，会迅速褪色形成斑点，蓝藻的爆发可以指示水体被污染。还有些指示植物可指示矿产，比如石竹与金矿具有伴生关系，杜鹃、苏铁喜欢生长在含铁量高的地方等。

5. 转主寄生的病虫害——群落中的"间谍"

因为一些害虫和病菌具有转主寄生的特点，一些植物不宜同种（表 5-10）。

表5-10 转主寄生病虫害的例子

病虫害名	最终寄主	转主寄主
二针松苞锈病	油松、马尾松、黄山松等二针松（松针两针一束）	芍药科、玄参科、毛茛科、马鞭草科、凤仙花科、萝藦科、爵床科、旱金莲科等多种植物
红松球蚜	红松	云杉
冷杉球蚜	冷杉	云杉
落叶松球蚜	落叶松	云杉
云杉稠李球果锈病	云杉	稠李
云杉叶枯病	云杉	杜鹃
红皮云杉叶锈病	红皮云杉	兴安杜鹃
青海云杉叶锈病	青海云杉	青海杜鹃
青杨叶锈病	杨树	落叶松
油松针叶锈病	油松	黄檗
垂柳锈病	垂柳	紫堇
细叶结缕草锈病	细叶结缕草	鸡矢藤
梨炭疽病	梨	刺槐
苹果炭疽病、苹果紫纹羽病	苹果	刺槐

庭院分析篇

导言

想要在庭院中营造舒适空间，首先需要观察庭院，并分析它离理想的舒适空间相去几何，才能在设计中有意识地扬长避短。

如果想让庭院变成一个舒适的空间，不能只着眼于"形式"，一定要诉诸"功能"。从使用者想要什么出发，然后分析如何利用有限的庭院空间满足使用者需求。在此之后，如庭院功能分区、设计什么样的铺装、把植物栽植在哪里……这些形式上的问题就会迎刃而解。分析庭院亦是了解庭院的过程，在这个过程中，随着对庭院愈加了解，往往还能产生很多与这个庭院相契合的创意。

在庭院分析篇，我们将从测量庭院开始，并对庭院的气候、环境进行分析，根据分析的结果组织庭院的视线、动线和分区，最终完成庭院设计。

第6章
测绘庭院

在分析庭院之前，首先需要绘制庭院平面图，才能更全面地把握庭院的现状与周边环境的关系。本章将介绍利用简单的工具测绘一张能够满足设计使用的庭院平面图的方法。

6.1　准备工具

利用一些简单的工具，即可对庭院进行测量。需要准备的工具有卷尺、笔、纸等。

6.1.1　笔

方便涂改的铅笔是对新手最友好的设计工具（图6-1）。另外，可以多备几支不同颜色的彩色铅笔或水性笔，方便在图上做不同的标注。

图6-1　笔

6.1.2　纸

普通的A4白纸即可满足测绘和记录的需求。半透明的硫酸纸和草图纸，可以帮助我们快速而轻松地临摹图纸。自带刻度的坐标纸，可以免用尺子，十分便捷。还可以将坐标纸垫在硫酸纸或草图纸之下搭配使用，这样可以反复使用一张坐标纸（图6-2）。

6.1.3　卷尺

卷尺是最便捷的测量工具。卷尺规格最好为5m以上，能够满足不同尺度的测量。长距离测量时，使用20m以上的皮尺会更方便（图6-3）。

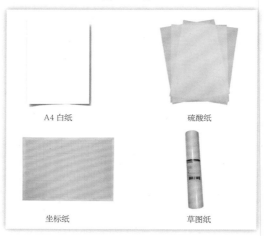

A4 白纸　　　　　硫酸纸

坐标纸　　　　　草图纸

图6-2　纸

6.1.4　房屋平面图

房屋的平面图能够提供直接、有效的数据，如房屋外基线的轮廓、长度，房屋门、窗的宽度及位置等。一些开发商提供的房屋平面图是不涵盖庭院的，但仍可以以其为基础，进行补充测量。

6.2　测量精度

在测量庭院时，应该尽可能使用尺子测量，以保证数据的准确性。但在庭院面

图6-3　卷尺

积较大、边界曲折、地形复杂的情况下，亦可以灵活地使用尺测、步测、目测等多种测量方法，来快速测量庭院（图 6-4~ 图 6-6）。

图 6-4　庭院中需要精测的位置

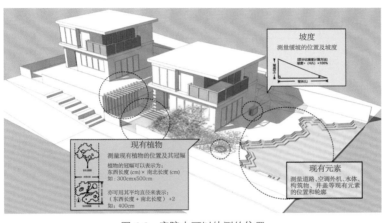

图 6-5　庭院中可以估测的位置

图 6-6　庭院中可以目测的位置

小贴士

用"手"估测：事先测量好"手"的尺寸，比如双臂伸展开的长度、手掌的宽度和长度、大拇指与小拇指撑直后的最大跨度等。

用"脚"估测：事先对测量者的步距进行测量。按照正常步幅走 10 步后，测量走过的距离并取平均数（身高在 170cm 左右的人每步约为 60~70cm）。

用"眼"估测：目测精度最差，但也最快速，常用来测量高度或深度。目测需要寻找一个参照物（比如楼房层高、人的身高、竹竿等），并对参照物的高度进行一个精确的测量，而后根据参照物的高度去估测被测物体的高度。

6.3　测量方法

6.3.1　测量庭院

首先观察庭院，在草图纸上大致勾勒出庭院的形状以及房屋在庭院中的位置。绘制庭院边界的草图后，可以开始对庭院的边界进行测量，通常有三种方法。

1. 直接测量法

直接测量法十分简便，尤其适用于面积较大、形状工整的大型庭院。但准确性差，数据量少，对于经验不丰富的新手来说会对后续绘图工作造成困难。

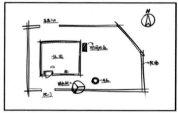

第1步 观察庭院，绘制草图

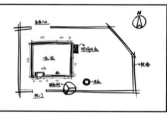

第2步 测量建筑的尺寸及门窗的位置，并将数据标注在草图上

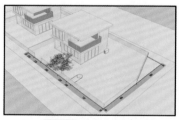
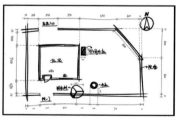

第3步 测量庭院边界及其中现状物的尺寸及位置，并将数据标注在草图上

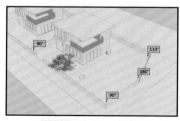
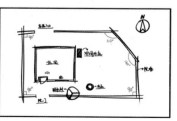

第4步 用量角器或三角板测量庭院各个拐角的角度，并将数据标注在草图上

图 6-7　直接测量法的步骤

小贴士

在绘制草图时，不要过分强调比例、尺度等，直接测量法的步骤如图 6-7 所示。草图只是用来记录测量数据的，只需要绘制出物体与物体之间大概的相对位置即可。

小技巧

（1）对于直线来说，可以直接用卷尺或皮尺测量，并将数据标注在草图上。

（2）如果场地中有现成的整齐排列的铺装，可以测量每一块砖块的长度，然后数出两点之间包含的砖块数量，后做乘法计算，即可算出这两点的距离。

（3）对于庭院中的拐角，可以使用量角器测量角度。也可以准备一套三角板，使用三角板的30°、45°、60°、90°四个角度组合出不同大小的角度，以提高测量精度。

2. 坐标法

坐标法适用于所有形状的庭院，尤其是对于边界不规则、曲线较多的庭院有"奇效"。测量精确，可以精确测量庭院中的各种物体的位置和大小，方便后续画图。但操作较烦琐，仅适合应用在小面积庭院中。坐标法的步骤如图 6-8 所示。

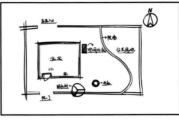

第1步 观察庭院，绘制草图

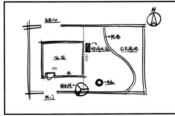

第2步 选取一条与建筑轮廓平行的基线，用石灰粉或粉笔画在地上，并测量该基线的长度，将数据标注在草图上

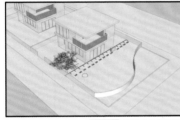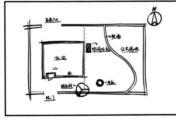

第3步 将选取的基线以 100cm 为间隔，划分为若干份

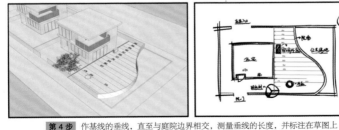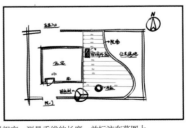

第4步 作基线的垂线，直至与庭院边界相交，测量垂线的长度，并标注在草图上

图 6-8 坐标法的步骤

3. 关键点法

这种方法是"坐标法"的简化版，适用于边界既有直线又有曲线的庭院，操作较简便，但准确性稍差。关键点法的步骤如图 6-9 所示。

 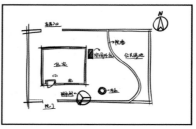

第1步 观察庭院，绘制草图

 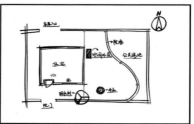

第2步 选取一条与建筑轮廓平行的基线，用石灰粉或粉笔画在地上，
并选取关键点，如庭院边界的顶点、拐点、最凸（凹）点，以及现状物体的中心点等

 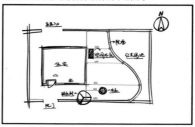

第3步 测量关键点到基线的最短距离，并将其标注在草图上

 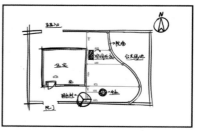

第4步 基线被垂足分割为若干条线段，测量每一条线段的距离，并标注在草图上

图 6-9　关键点法的步骤

小技巧

（1）选取的关键点越多，越具有代表性，则测量越精确。

（2）庭院中的现有树木、井盖、道路等元素的位置也可以用类似方法测量。

6.3.2　绘制正图

在测量时，可以因地制宜地将多种方法结合使用，达到又快又好的效果。如图 6-10 所示的庭院，在测量时，就可以使用"直接测量法"测量形状规则的部分，使用"坐标法"来测量形状不规则的人工湖部分。最终获得的草图如图 6-11 所示。

图 6-10　示例庭院

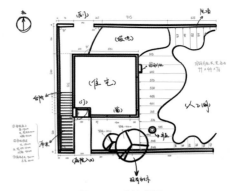

图 6-11　手绘草图

接下来，根据这张草图，绘制一张比例准确的正图。

1. 确定正图比例尺

对于一般庭院，常用的比例尺有 1:50、1:100、1:200 等。为了换算方便，常选择 1:100 的比例尺，即图中的 1cm，就代表实际中的 100cm。

比例尺越大（1:50 > 1:100 > 1:200），图纸可以绘制得越详细，可呈现出的细节越多；比例尺越小，图纸则越粗略。

示例庭院的长宽分别为 20.5m、16.3m，可以选择 1:100 的比例尺，绘制在 A4 纸上。

2. 根据比例尺换算数据

将草图上标注的数据，按照比例尺换算成纸上的长度。

可以购买一种特制的"比例尺"，这种特制的尺子已经根据特定的比例，将刻度之间的距离放大或缩小，使用它就可以避免换算过程，并减少计算失误带来的谬误（图 6-12）。

小贴士

比例尺的选择要根据纸张的大小和庭院大小而定。通常而言，在 A4（210mm×297mm）大小的纸张上，100m² 以下的庭院可以使用 1:50 的比例尺，100~500m² 的庭院可以使用 1:100 的比例尺。

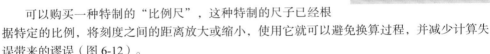

图 6-12　比例尺

3. 绘制图纸

绘图时最好先使用铅笔，顺序应从外到内，从整体到局部。待所有图纸绘制完毕、确认无误后，再使用水笔或油性笔勾线，并进行扫描、打印或复印，以用于接下来的庭院分析和设计工作。

第1步： 根据草图测绘数据，按比例绘制庭院的轮廓（图6-13）。

第2步： 根据草图测绘数据，按比例绘制住宅轮廓及门窗位置（图6-14）。

庭院中住宅建筑的位置决定庭院空间的划分，门窗位置决定建筑内外的视线关系，在绘制图纸时，住宅轮廓及门窗位置非常重要。

第3步： 若使用了坐标点法或关键点法，则在相应位置绘制基线（图6-15）。

第4步： 根据测绘数据分别作基线的垂线，找到不规则边缘上的点（图6-16）。

第5步： 擦除基线和辅助线，并用平滑的曲线连接各点（图6-17）。

第6步： 根据草图上的数据，补充绘制其他现状元素（图6-18）。

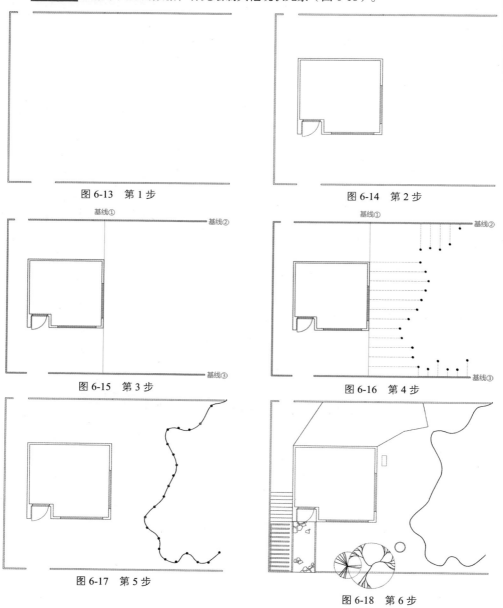

图6-13　第1步

图6-14　第2步

图6-15　第3步

图6-16　第4步

图6-17　第5步

图6-18　第6步

6.3.3 补充信息

1. 标注高度和坡度

标注庭院中高差和坡度，首先要选用建筑外墙边线所在的水平面作为基准面（零平面）。根据基准面，测量庭院中其他物体的高度或深度，然后将数据标注在图上。

第 7 步： 根据测量数据标注各元素的高度和坡度（图 6-19）。

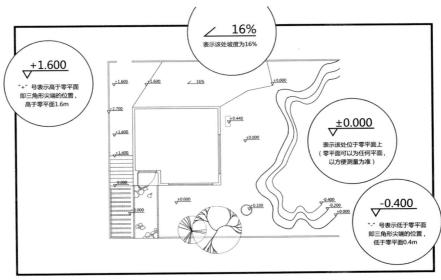

图 6-19　第 7 步

2. 庭院周边环境

将庭院周边房屋、道路、植物等相关内容，简要地绘制在平面图上，以便后续进行分析。

第 8 步： 简要绘制庭院周边的环境（图 6-20）。

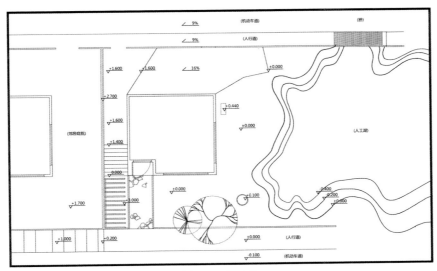

图 6-20　第 8 步

3. 制作场地现有植物材料表

充分利用场地的现有植物进行设计可以节约建造成本。因此，需要对场地现有植物进行统计、测量，形成《现有植物材料表》（表 6-1），其中至少需要包括以下内容：植物名称、株高、胸径、冠幅、生长状况。此外，花或叶的色彩、枝下高、树形、香味有无、开花期、展叶期、结果期等性状也都可以作为补充调查内容。

表 6-1　现有植物材料表

序号	植物名称	株高（m）	胸径（cm）	冠幅（cm）	生长状况	花期	颜色
1	日本晚樱	3.3	20	220×170	分枝较少，长势良好	4~5 月	粉

4. 标注数据、指北针、比例尺

将测量数据标注在图上，并绘制比例尺（图 6-21）、指北针。可以打开手机中的地图软件，来确定北方。这些信息对以后的分析十分重要。

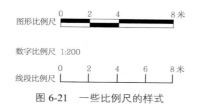

图 6-21　一些比例尺的样式

第 9 步： 绘制指北针和比例尺（如有需要亦可以标注测量数据）（图 6-22）。

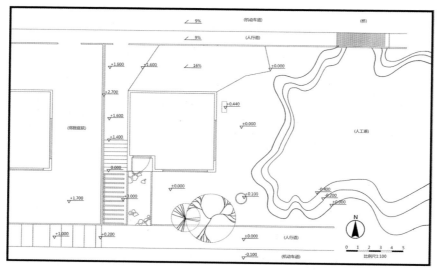

图 6-22　第 9 步

第7章 庭院环境分析

分析庭院的光温水等环境条件，为居者营建最舒适的环境，为植物提供适宜的生长空间。根据"因地制宜"的原则，从区域、地方和庭院三个尺度，由宏观至微观逐步推进。

7.1 区域环境分析

区域环境分析是以庭院所在的城市为对象进行分析，了解庭院气候环境背景。种植新手在选择植物时往往忽视所选择的植物能否长于当地环境，不仅会增加建造养护成本、浪费资源，还会打击新手的信心。

7.1.1 气候带与植被类型

了解当地的气候带和植被类型，能够帮助大家选择适用于庭院的植物（图7-1）。同时，在相同的气候带和植被类型间引种植物，其成活率也较高。庭院植物的原产地按照气候可以划分为以下7个类型。

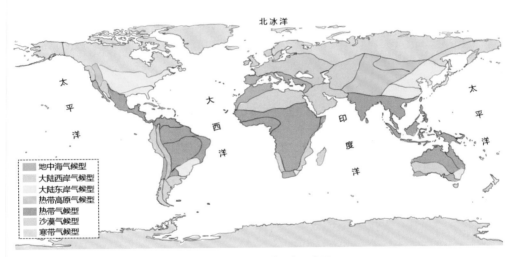

图7-1 全球气候带分布示意图

1. 中国气候型（大陆东岸气候型）

气候特点： 冬寒夏热，年温差大，夏季降水较多。

地理范围： 根据纬度高低又分为冷凉型和温暖型。中国长江以南地区、日本西南部、美国东南部、巴西南部、南非东南部、澳大利亚东南部属于温暖型；中国北部、日本东北部、美国东北部属于冷凉型。

植物特点： 气候温暖型地区是喜温暖的球根花卉和不耐寒的宿根花卉分布中心；冷凉型地区是耐寒宿根花卉的分布中心。

代表植物： 温暖型代表植物有中国石竹、凤仙、报春、福禄考、天人菊、堆心菊、细叶美女樱、半支莲、捕蝇草、非洲菊、中国水仙、石蒜类、百合类、马蹄莲类等；冷凉型代表植物有翠菊、美洲矢车菊、向日葵、荷包牡丹、芍药、菊花、大瓣铁线莲、荷兰菊、美国紫菀、随意草、红花钓钟柳、金光菊、花菖蒲、燕子花等。

2. 欧洲气候型（大陆西岸气候型）

气候特点： 冬季温暖，夏季气温不高，一般不超过15~17℃，年温差小，降水不多，但四季都有。里海西海岸地区雨量较少。

地理范围： 欧洲大部分地区、美国西海岸、南美洲西南部、新西兰南部。

植物特点： 是喜凉爽的二年生花卉和部分宿根花卉的分布中心。这个地区原产的花卉不多。该区花卉最忌夏季高温多湿，故在中国东南沿海地区栽培困难，而适宜在华北和东北地区栽培。

代表植物： 羽衣甘蓝、毛地黄、三色堇、雏菊、宿根亚麻、耧斗菜、高飞燕草、丝石竹、高山勿忘草、铃兰、喇叭水仙等。

3. 地中海气候型

气候特点： 冬季温暖，最冷月平均气温6~10℃，夏季最热月平均气温20~25℃。从秋季到次年春末为降雨期，夏季极少降雨，为干燥期。

地理范围： 地中海沿岸、南非好望角、澳大利亚东南和西南、南美洲智利中部、北美洲西南部（加利福尼亚）。

植物特点： 是世界上多种秋植球根花卉的分布中心。原产的一二年生花卉耐寒性较差。

代表植物： 紫罗兰、金鱼草、紫毛蕊花、紫盆花、风铃草、金盏菊、紫花鼠尾草、瓜叶菊、麦秆菊、蒲包花、蛾蝶花、花菱草、蓝花鼠尾草、天竺葵、君子兰、鹤望兰、风信子、克氏郁金香、番黄花、仙客来、花毛茛、西班牙鸢尾、葡萄风信子、地中海蓝钟花、小苍兰、网球花等。

4. 热带高原气候型（墨西哥气候型）

气候特点： 周年平均气温在14~17℃，温差小。降水量因地区不同而异，有周年雨量充沛的，也有集中在夏季的。

地理范围： 中国西南部山岳地带（云南昆明）、墨西哥高原、南美安第斯山脉、非洲中部高山地区。

植物特点： 是一些春植球根花卉的分布中心，原产该区的花卉，一般喜欢夏季冷凉，冬季温暖的气候，在中国东南沿海各地栽培困难，夏季在西北地区生长良好。

代表植物： 藿香蓟、百日草、万寿菊、波斯菊、藏报春、大丽花、晚香玉。

5. 热带气候型

气候特点： 周年高温，温差小，离赤道渐远，温差加大。雨量大，有旱季和雨季之分，也有全年雨水充沛区。

地理范围： 包括中、南美洲热带（又称新热带）和亚洲、非洲和大洋洲热带（又称旧热带）两个区。

植物特点：该区是不耐寒的一年生花卉及观赏花木的分布中心。其原产花卉一般不休眠，对持续一段时间的缺水很敏感。

代表植物：鸡冠花、彩叶草、虎尾兰、非洲紫罗兰、蟆叶秋海棠、鹿角蕨、猪笼草、三色万代兰、美人蕉、朱顶红、大岩桐、长春花、大花牵牛、火鹤花、豆瓣绿、竹芋、四季秋海棠、水塔花、琴叶喜林芋、卡特兰、蝴蝶文心兰等。

6. 寒带气候型

气候特点：冬季漫长而寒冷，夏季凉爽而短暂，植物生长季只有2~3个月，年降水量很少，但在生长季有足够的湿气。

地理范围：高海拔山地、阿拉斯加、西伯利亚、斯堪的纳维亚等寒带地区。

植物特点：主产高山花卉。

代表植物：绿绒蒿属、龙胆属植物，雪莲、细叶百合等。

7. 沙漠气候型

气候特点：年降水量少，气候干旱，多为不毛之地。夏季白天长，风大，植物常成垫状。

地理范围：撒哈拉沙漠的东南部、阿拉伯半岛、伊朗、黑海东北部、非洲东南和西南部、马达加斯加岛、大洋洲中部的维多利亚大沙漠、南北美洲墨西哥西北部、秘鲁与阿根廷部分地区、中国海南岛西南部。

植物特点：是仙人掌和多浆植物的分布中心。仙人掌类植物主要分布在墨西哥东部及南美洲东海岸，多浆植物主要分布在南非。

代表植物：芦荟、伽蓝菜、点纹十二卷、仙人掌、龙舌兰、霸王鞭、光棍树等。

7.1.2　分析低温和高温

极端低温是指某地在一段时间内（一般是30年及以上），各年最低气温的平均值，是挑选植物时的一条底线，能够保证植物顺利越冬。美国农业部发布的中国植物耐寒区图（Hardiness Zone in China）将中国划分为11个耐寒区，并标注了每个区域各年最低温平均值的范围。

中国植物耐寒区图

当一种植物适生耐寒区的下限，恰好位于庭院所处的耐寒区时，则被视为临界植物，应慎重选择。尤其是像北京这样的城市，横跨两个耐寒区：东部和南部属于第7区，西部和北部属于更冷的第6区。很多临界植物在这两个区中会有不同表现。比如耐寒性不强的紫薇、红枫、大叶黄杨等植物，在北京主城区及南部生长良好，而在几十公里以外的昌平区、密云区、延庆区则很容易受冻，越冬需要防护。

对于原产气候冷凉地区的植物来说，持续的夏季高温是灭顶之灾。所以设计师不仅需要对当地的极端低温有了解，也要掌握夏季的平均温度、高温持续时间。受季风影响，中国夏季大陆性气候还具有"雨热同期"的特点，高温高湿的环境对很多植物生长不利，易生病虫害。中国东南部的年平均最高气温普遍偏高，相比耐寒性，这些地区更应该关注植物的耐湿热的能力。相对来说，原产地气候为地中海气候型（如大多数球根植物）、寒带气候型（如高山植物）、沙漠气候型（如多肉植物）的植物，耐湿热的能力较差。栽种这些植物时，尤其要注意土壤的排水，同时夏季应给予一定的荫蔽。

7.1.3 雨季与全年降水量

对降水条件的不适应也是导致植物死亡的原因之一。了解当地的雨季和全年降水量，可以帮助选择适宜当地雨水条件的植物，提前做好土壤改良工作，营造小地形帮助土壤排水或制定浇水管理计划。

地中海地区的雨季在冬季，而夏季干燥少雨。原产地中海地区的风信子等球根植物在夏季喜欢干爽的环境。而中国受到季风型气候的影响，夏季雨热集中。此时土壤排水不利，原产地中海地区的植物根部可能出现涝害。

中国年降水量分布的总趋势是由东南沿海到西北内陆逐渐递减。虽然中国大部分地区降雨集中，但也有华南地区、四川盆地这样全年均有雨水分布的地方。多雨的气候使南方的空气湿度高，在植物的选择上应尽量避免选择怕湿的植物。

北方大部分地区降雨量集中在 6~8 月，其他时候空气干燥。很多植物在北方越冬困难，并不是因为耐寒性差，而是冬季和早春季的干旱，很容易造成植物的枯梢和干芽。所以北方在 2 月下旬至 4 月下旬应增加灌溉。如果在这个时期内浇水不及时或不充分，植物的开花表现会大打折扣。

7.2 地方环境分析

地方气候的分析通常是指以庭院为中心方圆 5km 以内的环境。特殊的地形、地势、地理景观都可能会产生局部性的地方气候环境。

7.2.1 海拔

山上的庭院海拔相对高、气候比同地区平原冷凉，昼夜温差大，物候期偏晚，生长季相对短，可以栽植平原地区不适宜的喜夏季冷凉的植物，营造出不同于平原地区的庭院景观。同时，山区的昼夜温差大，有利于很多植物的生长和果蔬的风味积累以及秋色叶的形成，可以利用小气候特点，选择有特点的植物种植（图 7-2）。

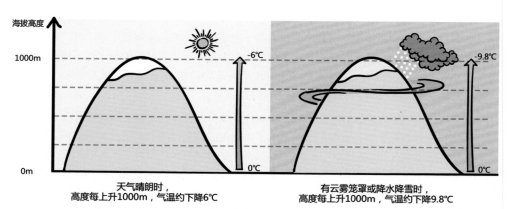

图 7-2　气温随海拔高度的变化规律

7.2.2 地形

地形条件会影响庭院的小气候环境。尤其是一些特殊的地形可能对庭院造成不利影响。如忽视地形影响，庭院在建成后，可能会遭受不必要的"天灾"（图7-3）。

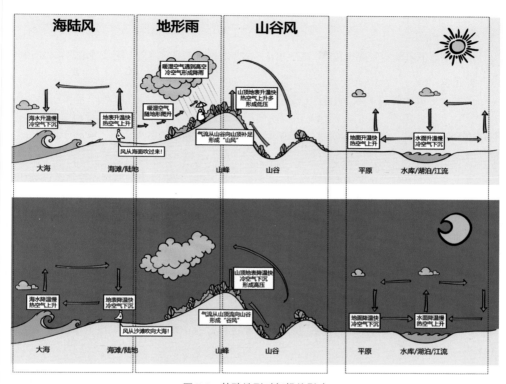

图7-3 特殊地形对气候的影响

1. 海边

滨海地区的庭院受大海的影响，四季湿润，空气对流较强，存在海陆风现象（由于大海和陆地的比热差异而形成的日间风从大海吹向陆地，夜间风从陆地吹向大海）。海边地区的庭院适宜种植深根系的树木，避免在台风时树木被连根拔起。

海潮风含盐分高，不利于多植物，应选择抗海潮风的树木。且滨海地区多盐碱土壤，种植庭院前要注意改良土壤，或客土栽植，或容器栽植（表7-1）。

表7-1 滨海地区庭院可选择木本植物

植物特性	植物种类
深根系	白蜡、白皮松、臭椿、枫香、核桃、核桃楸、黄连木、金钱松、杧果、木贼麻黄、朴树、肉桂、水曲柳、无患子、香樟、银杏、油松、榆树、圆柏、梓树
抗海潮风	赤松、杜松、海桐、黑松、红楠、罗汉松、玫瑰、木贼麻黄、日本五针松、山茶、椰子
耐盐碱	白蜡属、侧柏、柽柳、臭椿、大叶黄杨、杜梨、杜仲、构骨、桂香柳、国槐、旱柳、合欢、黑松、火炬树、加杨、君迁子、楝树、罗汉松、桑树、柿子（轻度）、乌桕、榆树、圆柏、枣树、皂荚、紫穗槐

2. 河岸、湖岸

河流与大型湖泊、水库周围，也有类似于"海陆风"的现象，空气对流比较强烈，但内陆水系多为淡水，风中不会有盐分。但如果住宅庭院刚好位于河边、湖边或水库边的消落带之上，就要设法削弱季节性水位涨落对庭院的影响。例如避免在消落带范围内建造永久构筑物，将季节性的水位涨落纳入庭院景观的一部分，在消落带上栽植喜湿又耐旱的植物以及能耐水淹的植物等。

水体周边的庭院空气湿度较高，地下水位也较高，这对于很多喜湿、耗水的植物来说有利。

3. 山区

山区会形成山谷风（由于山谷中下垫面和空气接受的太阳辐射能力不同，导致午后至半夜风从山上吹向山谷，其余时间风从山谷吹向山上的现象），迎风坡易形成地形雨。如果山谷中有湖泊、溪流，那么日间吹拂的"山风"可以将谷底的水汽带到山上，有利于增加庭院的空气湿度。

夏季雷雨季节时，山区空气对流强烈，易形成冰雹天气，对庭院中的植物和建筑造成破坏。因而山区的庭院最好多使用多年生草本植物和萌芽力强的灌木植物，这样即使在受灾后，景观也能很快恢复；建筑屋顶需要加固，以抵御雹灾，并避免使用易碎材料建构筑物。此外山区的土层薄，坡地不易保水，需要在庭院建植前，补充土壤，改良坡度。

4. 盆地

中国盆地大多有"非干即湿"的特点。盆地有高山包围，受寒流和暖流的影响小，温度上呈冬暖夏凉，且春季较同地区平原来临较早。水汽可以在盆地中自行循环，如盆地内有很多水域、植被，那么水汽蒸发后将聚集在盆地之上，因而盆地内云雾天、阴雨天较多，空气湿润，比如四川盆地、青海湖盆地；反之则如吐鲁番盆地、柴达木盆地、塔里木盆地一般干旱少水。

5. 平原

平原地区的气候主要受季风的影响。以华北平原为例，其冬、春季气候干燥，常伴有大风降温，这种干燥的冷风易带走植物的水分，造成不可逆转的枯梢、干芽，这也是很多植物在华北种植不活的重要原因之一。夏季雨热集中，对原产地高山的园艺植物的越夏是重要考验。

7.2.3 城市建筑和设施

除了地形和海拔以外，庭院周边的一些城市建筑和设施，如工业用地、公路、大型建筑、城市防风林等也会影响庭院小气候环境。

1. 工厂

工厂会对当地空气造成污染，空气中可能含有对植物有害的硫氮化合物以及大量尘土。通常私人庭院不会建设在工厂附近等不适合人居的环境中。但如果在污染工厂附近，应选择抗污染能力强以及能滞尘的植物，起到净化空气和美化环境的功能。

2. 公路

影响庭院空气质量最常见的因素是庭院旁的公路。如果周边是道路，机动车通行频繁，庭院会受汽车尾气影响。在靠近机动车道的地方，可以种植植物过渡带来过滤遮挡汽车尾气，同时削弱噪音。在过渡带中，着重选择抗烟尘及滞尘植物（表7-2）。

表7-2　抗污染、滞尘植物

植物特性		植物种类
抗污染有毒气体	木本植物	白蜡属、板栗、侧柏、柽柳、大叶黄杨、枫香、枫杨、凤尾兰、枸骨、枸树、广玉兰、桂花、国槐、海桐、海州常山、含笑、合欢、胡颓子、黄连木、黄栌、黄杨、夹竹桃、荚蒾属、锦带花、榉树、柳属、罗汉松、木槿、南洋杉、朴树、散尾葵、桑、山茶、苏铁、蚊母树、乌桕、悬铃木、杨属、鱼尾葵、榆树、圆柏、月桂、樟树、紫穗槐
	草本植物	翠菊、大丽花、凤仙花、鸡冠花、金盏菊、菊花、君子兰、美人蕉、牛眼菊、扫帚草、肾蕨、石竹、唐菖蒲、天竺葵、晚香玉、万寿菊、野牛草、玉簪、紫茉莉、醉蝶花、酢浆草
抗烟尘		白蜡属、构树、广玉兰、夹竹桃、榉树、栎属、朴树、悬铃木、樟树、紫穗槐
滞尘植物	乔木	白蜡、白玉兰、碧桃、臭椿、垂柳、刺槐、杜仲、枸树、桧柏、国槐、旱柳、红瑞木、黄栌、流苏、栾树、毛白杨、楸树、山桃、柿树、丝棉木、绦柳、西府海棠、小叶朴、雪松、银杏、樱花、油松、榆树、元宝枫、圆柏、紫叶李
	灌木	北京丁香、大叶黄杨、棣棠、丁香、胡枝子、黄刺玫、金叶女贞、金银木、金钟花、锦带花、连翘、牡丹、木槿、蔷薇、沙地柏、天目琼花、贴梗海棠、卫矛、小叶黄杨、迎春、榆叶梅、月季、紫丁香、紫荆、紫薇、紫叶矮樱、紫叶小檗
	草本	黑心菊、松果菊、天人菊等叶片带毛的草本植物

3. 大型建筑和城市防风林

高大建筑和城市防风林会降低风速，有利于庭院冬季保温，形成温暖的小气候环境（图7-4）。高大建筑和郁闭的树木在庭院的上风口不利于庭院通风，导致庭院内植物病虫害过多等问题，在设计时要注意营造舒朗、开阔的小环境。巧妙借景庭院外的建筑和植物，也能为庭院增添风景。

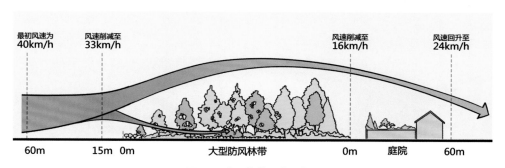

图7-4　防风林带的防风作用

7.3　庭院环境分析

对庭院内及其四周的环境（如光照、温度等）进行分析。庭院内不同位置的小环境差异明显。非气候因素如土壤理化性质、雨水径流方向等，在庭院不同位置也存在一定的差异。如何捕捉到这些环境上的差异，并扬长避短，是接下来要探讨的话题。

7.3.1　光照

由于构筑物的位置和太阳角度的影响，光照在庭院中的分布是不均匀的，由此导致庭院温度、空气湿度、土壤湿度产生差异。分析庭院不同部位的光照时间，确定不同区域选用植物。

另外，光照对人的体感温度有直接影响，可以根据庭院中不同区域的光照状况，安排不同的功能区。

如果时间允许的话，冬至（12月22日前后）测量庭院的光照条件，其数据更有参考价值。

冬至是北半球在一年中太阳高度角最低、日照长度最短的日子。在冬至被阳光照射到的空间，一年其他时间都能被阳光照射到；冬至的日照长度，是一年里日照长度的最小值。反之，夏至日是一年太阳高度角最高、日照长度最长的日子。庭院的光照条件也会随季节变化。在夏季光照充足的空间，冬季可能成为光照不足的空间（图7-5）。

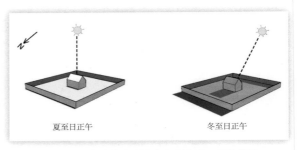

图 7-5　北半球庭院夏季和冬季庭院日照的差异

1. 日照长度

日照长度是某一地点在一天时间内被太阳直射的时间长度。通常考察生长季（指在一年内，植物开始返青到落叶之间的时段，如在北京地区通常为3月上旬至11月中旬）内的平均日照长度，来代表该地点的日照长度水平。如果一个植物的生长习性中写道"喜全日照""需求日照较少"之类的描述，则是对这种植物适生环境的日照长度进行描述。根据日照长度的不同，可以将庭院分为全日照环境、半日照环境和少日照环境（图7-6）。

小贴士

全日照环境：指生长季内，平均日照长度为 6 小时以上

半日照环境：指生长季内，平均日照长度为 2~6 小时

少日照环境：指生长季内，平均日照长度小于 2 小时

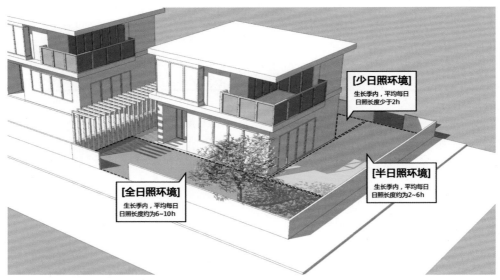

[少日照环境]
生长季内，平均每日日照长度少于2h

[半日照环境]
生长季内，平均每日日照长度约为2~6h

[全日照环境]
生长季内，平均每日日照长度约为6~10h

图 7-6　按日照长度划分庭院区域

2. 光照强度

光照强度是指单位面积上所接受可见光的光通量，单位是勒克斯（Lux 或 lx），可用电子照度计测量，庭院中精准测量光照强度意义不大。按照光照强度将庭院大致分为以下三种环境即可（图 7-7）：

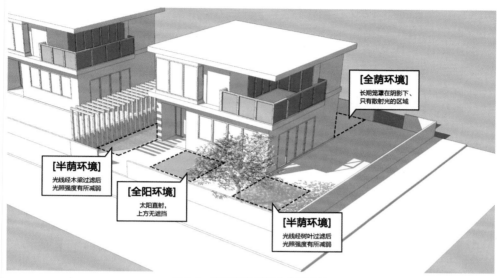

图 7-7　按光照强度划分庭院区域

3. 综合考虑日照长度和光照强度

日照长度强调一天中接收到太阳光的时长，是时间维度描述；光照强度强调接收到的太阳光的强弱，是程度维度描述。描述一个空间的光照环境，需要同时从时长和强度两个维度去描述。但在很多书籍中，两个维度常被混淆。

牡丹原生于阳坡疏林下方的灌丛。其最适生长环境通常描述为"光照充足、有侧方遮荫"，很多人认为这是一个自相矛盾的描述。其实，牡丹最佳的栽植区域正是在全日照的南庭，同时旁侧最好有树木或廊架形成具有斑驳阴影的稍半荫环境。牡丹在这样的环境中可以得到长时间的光照，积累更多营养，形成更多花芽。

很多植物都喜欢全日照，光合作用时间长，积累养分多。庭院中全日照的空间有限，这个空间常种植开花量大、观赏性好的植物。尤其是全日照且全阳的环境，适宜种植喜强阳的植物。

半日照区域接受直射光较少，因上午和下午阳光的光强不同，半日照区域又分为东晒和西晒两种。上午阳光柔和的东晒区域，可栽耐半荫或喜半荫的植物。午后阳光热烈的西晒区域，可种喜光植物，不宜栽植喜半荫的植物。如要在西晒环境中栽植喜半荫植物，则需要栽植乔木或搭设廊棚形成半荫空间。还有一类植物因其树皮较薄，亦不能栽植在西晒区域，如玉兰、七叶树、鹅掌楸等，长时间西晒会导致树皮爆裂，既不利于植物生长，树干也不美观。

少日照区域通常只有散射光。如果散射光充足或是偶有 1~2h 阳光直射的区域，可以栽植喜半荫的植物。但全荫环境下，只能种植喜荫植物（表 7-3）。

表 7-3　喜荫、喜半荫和耐荫的庭院植物

植物特性	乔木植物	灌木植物	藤本植物	多年生草本植物
喜荫	辽东冷杉	八角金盘	薜荔、爬山虎	落新妇、齿叶囊吾、大叶囊吾、麦冬、玉簪、矾根、虎耳草、铃兰、玉竹、黄精
喜半荫	玉兰（最喜侧方遮荫）、蒙椴	牡丹（喜侧方遮荫）、南天竹（喜半荫忌强光）、八仙花、山茶、杜鹃花		芍药、莨力花、多花筋骨草、白芨、心叶牛舌草、山牡丹、荷包牡丹、铁筷子、花叶野芝麻、斑点大吴风草、紫叶酢浆草、荚果蕨
喜光耐半荫（或稍耐半荫）的植物	青杆、白杆、侧柏、圆柏、罗汉松、矮紫杉、南洋杉、广玉兰、朴树、柘树、榉树、紫楠、蚊母、百华花楸、杜梨、合欢、国槐、丝绵木、七叶树、紫椴、华东椴、君迁子、桂花、山楂	沙地柏、铺地柏、粗榧、含笑、小檗、十大功劳属、蜡梅、蜡瓣花、白鹃梅、平枝栒子、多花栒子、黄杨、黄栌、木槿、紫薇、四照花、女贞、迎春、马缨丹、栀子、喜花草、海桐、绣线菊类、珍珠梅、棣棠、鸡麻、九里香、米兰、枸骨、大叶黄杨、朱砂根、紫牛、雪柳、紫丁香、茉莉、金银木、糯米条、海仙花、天目琼花、欧洲雪球、猬实	南蛇藤、猕猴桃、使君子、扶芳藤、胶东卫矛、络石、金银花	百子莲、萱草、蜀葵、耧斗菜、大星芹、大花飞燕草、翠雀、毛地黄、宿根六倍利、剪秋罗、金叶苔草、葱兰、韭兰、风铃草、雄黄兰、荷兰菊、葡萄风信子、黄芩、八宝景天、三七景天、德国鸢尾、长筒石蒜、石蒜、忽地笑、换锦花、美国薄荷

7.3.2　气温

1. 生长季中的气温

庭院中的气温在同一时间内的分布是不均匀的，这种不均匀表现如图 7-8 所示。

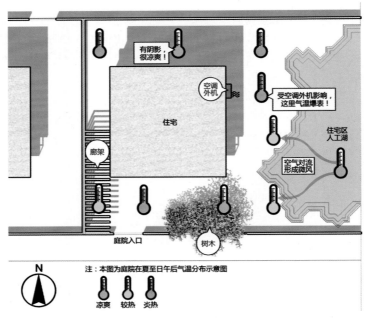

图 7-8　庭院夏至日午后（14 点）气温分布图

可将庭院中温度的不均匀分布标注在平面图上。对温度较高的地方，可通过遮荫、喷雾等措施进行降温（图 7-9）。空调外机外可以用植物或其他材料进行遮挡。

图 7-9　树木阴影在夏季和冬季对建筑的影响

2. 冬季（休眠季）的气温

中国秋冬季节受西北季风影响，住宅建筑西北侧以及北侧的气温较低，建筑南侧的气温较高。这是因为建筑挡去了西北季风，同时建筑南面能够接受日照，因而营造了一个"背风向阳"的小气候环境，温暖的气候条件可以帮助耐寒性弱的植物顺利越冬（图 7-10）。不耐寒的植物尽量种植在建筑物的南侧。

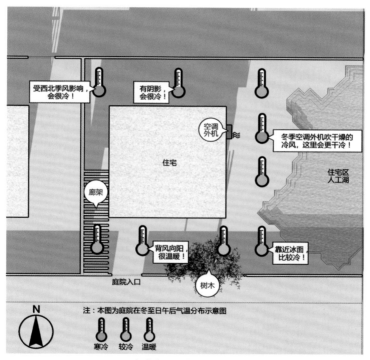

图 7-10　庭院冬至日午后气温分布示意图

3. 昼夜温差

庭院中不同位置的昼夜温差变化也是不一致的（图 7-11）。

有植被覆盖的地方昼夜温差较小。日间植物叶幕下会形成阴影，较为凉爽，夜间植物叶幕会起到保温作用，减缓大地辐射的散失。

建筑西侧的昼夜温差大，因为日间西晒时间较长，气温较高。在秋冬季节的夜间，建筑西侧还会有西北风带走热量，也是形成大昼夜温差的原因。白天西晒时温度较高与南侧相当，夜晚温度与北侧一致。尽管前文曾经解释了较大昼夜温差有利于植物的生长和风味积累，但建筑西侧冬季大昼夜温差对于植物存活不利。虽然植物地上部分冬季休眠，但蒸腾作用并未完全停止，西晒较高的气温也会促使植物水分散失，而夜间呼啸的西北风还会继续带走水汽，这种环境很容易造成植物枯梢，对于喜欢湿润环境的植物是双重打击。

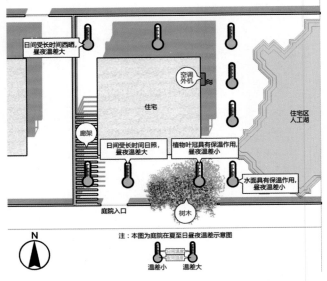

图 7-11　庭院夏至日昼夜温差示意图

4. 综合考虑光照和温度条件

综合考虑温度和光照条件，一个庭院各个区域栽植植物的适合程度如图 7-12 所示，其中序号 1 代表最适合栽植植物的区域，6 代表最不适合栽植植物的区域。

7.3.3　降水和给排水设施

1. 给排水设施（图 7-13）

（1）雨水管。雨水管可以集中屋面的雨水，防止雨水直接从房檐上滴落而冲刷地面、溅起泥土。可收集从雨水管中流出的雨水，供灌溉或补充水景的用水。

（2）雨水沟。一般庭院外会设计有雨水沟，检查排水沟的

注：图中 [A] 为最优种植区域，[C] 为最差种植区域

图 7-12　日照长度和光照强度的综合分析

位置及其是否能够正常发挥作用，并将它标注在平面图之上。如果没有雨水沟，那就要找到庭院外地势较低的一侧，作为之后设计时排水的方向。

（3）给水设施和水源。将庭院中给水设施、水源（如水井、湖泊、溪流等）位置标注在平面图上，方便庭院的水电设计。对于缺水或供水困难的庭院，可以将蓄水池与水景结合以雨水花园的形式，在提供景观的同时收集雨水，供灌溉用。此外，对于极度缺水庭院来说，应着重考虑使用旱溪、枯山水等景观形式来象征水景。

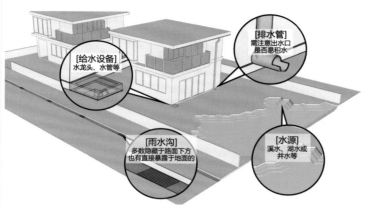

图 7-13 庭院给排水设施

如果不想在房屋上安装雨水管，可以在建筑附近的地表铺设碎石，以减少地表冲刷、溅土，维持庭院整洁，或者建造种植池来抬高种植床，以减少雨水冲刷土面和防止雨水溅土。

2. 降雨水流方向

根据实际情况设计庭院的高差分布，在平面图上分析出水流汇聚的方向（图 7-14）。将庭院中易积水的位置标注在平面图上，例如房屋雨水管的出口、邻居家的排水孔接入自家庭院的位置等。

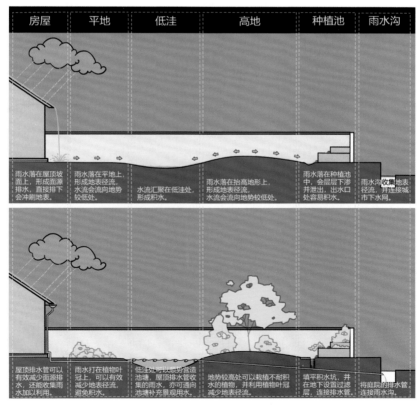

图 7-14 降雨水流方向示意图

7.3.4 空气

1. 空气湿度

空气湿度对人的体感温度和舒适度有重要影响。通常让人感到舒适的环境气温在 23~28℃ 之间、相对湿度在 30%~60% 之间。庭院中的空气湿度一天内不同，具有早晨和傍晚较高、正午较低的特点。

庭院中，临近水体（如水塘、溪流、人工湖或雨水沟等）的地方空气湿度比较高，适合栽植喜湿的植物。植物密集而茂盛的位置，空气湿度也较高，原产热带、亚热带地区，以及原产水边湿地的植物喜欢较高的空气湿度。此外，空气流动差的环境是很多微生物和昆虫喜爱的环境，容易滋生病虫害，在设计时应加以注意（图 7-15）。

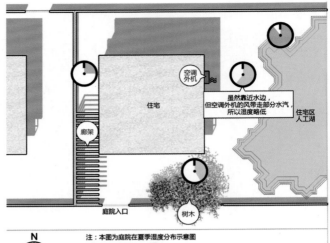

图 7-15　庭院夏季日间湿度分布示意图

2. 风向

营造通风的庭院环境是减少庭院病虫害发生最有效的方法。很多庭院设计忽略了这一点，在业主使用后，

[风玫瑰图]

找到庭院所在城市的风玫瑰图，可以根据它来判断城市的盛行风向。

风玫瑰图上描绘了该城市16 个风向出现的频率。风向 2（北偏东 22.5°）和风向 6（南偏东 67.5°）是该城市的盛行风向。

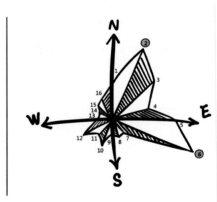

图 7-16　风玫瑰图

会出现植物病虫害严重的问题。设计前，应该找到庭院的盛行风向（图 7-16）。分析庭院本地不同季节风向后，在庭院中走动，是感知庭院盛行风向的最佳办法。

气流总是从气压高的地方流向气压低的地方。中国大部分地区夏季盛行东南季风，冬季盛行西北季风。西北方向无建筑或植物遮挡的庭院，冬季会受到强烈的西北风影响庭院的温度，设计时应特别注意。

庭院受周围地形、建筑和植物的影响，盛行风方向可能与季风、城市盛行风方向不完全一致（比如受到上文所说的海陆风和山谷风的主导）。需在庭院内实际观测盛行风的走向，然后在庭院平面图上标注出来，以便在设计时留出风道。如庭院中无风，或观察不到明显的盛行风，设计时应尽可能避免种植太多高大乔木，预留风的进出口，形成通风环境（图 7-17）。

温低的地方气压较高。所以，庭院中的空气也会从温度低的地方流向温度较高的地方。结合上文庭院温度的分析，可以大致推测微气流在庭院中的流动方向。在设计时合理组织气流的方向，也能加强空气循环流动，以利通风。

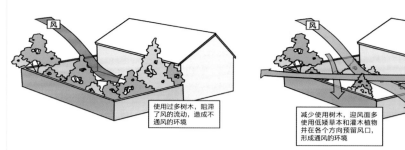

使用过多树木，阻滞了风的流动，造成不通风的环境

减少使用树木，迎风面多使用低矮草本和灌木植物并在各个方向预留风口，形成通风的环境

图 7-17　庭院风向示意图

3. 风速

风速对庭院有明显的影响。穿庭而过的徐徐清风，让人清凉舒适。但猛烈的强风，则会快速带走热量和水汽，不利于建筑和庭院的保温（图 7-18）。

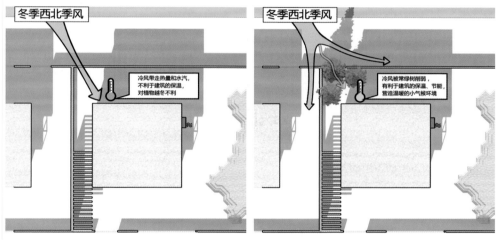

冬季西北季风

冬季西北季风

冷风带走热量和水汽，不利于建筑的保温，对植物越冬不利

冷风被常绿树削弱，有利于建筑的保温、节能，营造温暖的小气候环境

图 7-18　庭院风速示意图

庭院中除西北季风带来严重的降温外，有时建筑之间的狭窄通道也会形成强烈的穿堂风（图 7-19）。在这些风速较快的位置要避免种植怕风、喜湿润的植物。

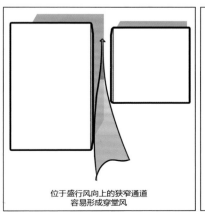

位于盛行风向上的狭窄通道容易形成穿堂风

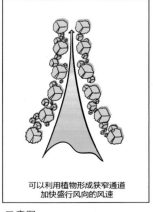

可以利用植物形成狭窄通道加快盛行风向的风速

图 7-19　"穿堂风"示意图

小贴士

利用构筑物或植物营造逐渐收缩的狭窄通道，可形成穿堂风。在风速适中的位置栽植一些树叶摩挲能够发出声响的植物（如竹子），或是悬挂一串风铃，可增加庭院的趣味性。

7.3.5 土壤

土壤对植物的生长最为重要。如果庭院土壤条件差，应在庭院种植施工前对土壤进行改良。改良土壤前，需要先分析庭院土壤的状况，以确定土壤改良的方向和方法。

1. 土壤结构与建筑垃圾

房屋建成后，庭院的土壤中可能存留大量建筑垃圾，破坏土壤的结构。建造房屋时使用的起重机等大型机械停放在庭院时会压实土壤，造成土壤板结。这些因素都不利于植物根系的生长。

庭院种植植物前首先应深翻土壤，清除建筑垃圾，恢复土壤疏松的结构，并确认土壤的结构是否稳定。对于不稳定的土壤需要夯实才能在上方搭建砖墙结构的构筑物（如建筑、种植池等），并最好自然沉降一段时间后再施工。

还应检查土壤的深度。有些庭院下方建有地下室、车库，因而土层薄，需要在平面图上标注出这些地方，避免种植深根系的大树。

2. 土壤质地与排水性

土壤孔隙度影响土壤毛细作用的强度，毛细作用越强的土壤，保水能力越好。根据土壤的孔隙度，可将土壤的质地分为砂土、壤土、黏土三类。其中砂土透气透水性较好，保水性较差，易干旱、易贫瘠；相反，黏土保水保肥性较好，但透气透水能力较差，容易积水；壤土中和了二者的特点，既通气透水，又能保肥保水，是最理想的土壤。

在庭院中，可以通过围堰灌水的方法简单确定土壤的质地（图 7-20）。

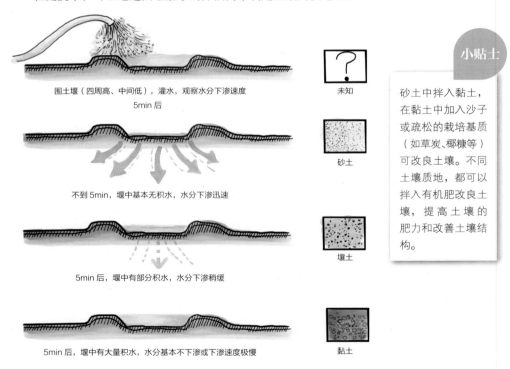

围土堰（四周高、中间低），灌水，观察水分下渗速度
5min 后

未知

不到 5min，堰中基本无积水，水分下渗迅速

砂土

5min 后，堰中有部分积水，水分下渗稍缓

壤土

5min 后，堰中有大量积水，水分基本不下渗或下渗速度极慢

黏土

图 7-20　围堰估测土壤质地示意图

> **小贴士**
>
> 砂土中拌入黏土，在黏土中加入沙子或疏松的栽培基质（如草炭、椰糠等）可改良土壤。不同土壤质地，都可以拌入有机肥改良土壤，提高土壤的肥力和改善土壤结构。

3. 土壤酸碱性

不同植物对土壤酸碱度要求不同，种植前要了解庭院中土壤的酸碱度。可根据土壤的颜色大致确定土壤的酸碱性，但准确方法是使用 pH 试纸测量土壤溶液的 pH 值。

土壤颜色	酸碱度	形成原因	土壤特点	改良方法
砖红色	酸性	常见于中国南方，当地气候多雨，土壤淋洗较多，土壤表层的铁元素多以 Fe_2O_3 的形式存在呈现出砖红色	养分贫瘠，质地黏重，易板结	可使用细生石灰或草木灰等碱性物质来中和土壤酸性；施用有机肥效果更佳
黄色	酸性	常见于中国南方，因多雨的气候淋洗较多，难溶的铁、铝化合物富集使土壤呈明亮的黄色	养分贫瘠、透水透气性差、质地黏重	
灰白色、灰黄色	碱性	与土壤中的石英、高岭土、石灰石和水溶性盐类这四类最广泛分布的组分有关	有机质含量少，养分瘠薄	可以采取在土壤中施入细硫黄粉、硫酸亚铁、硫酸铁等进行调整，但易造成土壤板结，施用矾肥水会收到良好效果；施用有机肥效果更佳
黑色或棕黑色	微酸性	山林、沟壑中因落叶、死亡生物体的微生物分解，土壤积累大量腐殖质，如松针腐殖土、草碳腐殖土等	疏松肥沃，排水透气性良好，是非常好的微酸性腐殖土	

小贴士

矾肥水的制作配方是将硫酸亚铁（$FeSO_4 \cdot 7H_2O$）（3kg）、油粕或豆饼（5~6kg）、动物粪便（10~15kg）、水（200~250kg）混合，暴晒20天，取上清液加水稀释，用于浇土或浇花，可以降低土壤碱性。

4. 土壤肥力

土壤中的有机质（枯枝、落叶等凋落物）在微生物的作用下会分解为腐殖质。腐殖质是酸性、含氮量高的黑色胶体状，含有丰富的氮、硫、磷等营养元素。富含腐殖质的肥沃土壤多呈微酸性，颜色呈黑色或黑棕色，且通常具有良好的团粒结构，质地是疏松柔软、透气保水的壤土。

对于肥力不足的土壤，可以向土壤中施用有机肥，增加土壤中的腐殖质，能够同时改善土壤结构、质地、酸碱度和肥力。有机肥可以直接购买，也可用堆肥箱自己制作。因堆肥的味道难闻，如使用堆肥箱，需要提前规划好位置，将其置于远离住宅的隐蔽处。

舒适的庭院不只是体感舒适，视觉上也应是舒适的。观者所见之处应都是让人愉悦的景致，杂乱难堪的地方应被巧妙遮掩。优雅景致需要凸显，有些区域则需要私隐。而实现这一切的关键点，就在于通过遮挡、利用、聚焦等技巧，对视线进行组织。

8.1 视线的构成

分析视线，就是分析观察者的视点、视线方向与观察动机。视点即观察者眼睛的位置，视线方向即观察者眼睛的朝向，观察动机是指观察者的意图（表 8-1）。

表 8-1 观察者的视点、视线方向和观察动机

观察者	视点位置	视线方向	观察动机
庭院主人	（1）住宅建筑内的窗户前 （2）庭院中的任意位置	（1）从屋内透过窗户看向庭院 （2）从院内的某点看向院内另一点 （3）从院内看向院墙外	欣赏
邻居	（1）两座庭院交界处 （2）邻居住宅窗户前	（1）从院墙外看向院墙内 （2）从邻居屋内透过窗户看向院内	（1）欣赏 （2）观察
路人	庭院外步行道上	从院墙外看向院墙内	（1）欣赏 （2）观察

在平面图上使用不同颜色的笔来代表不同的观察者，使用"点"来代表观察者的视点，使用"带箭头的线"来代表视线的方向，并在视线旁备注其观察动机。形成的这张分析图，就是庭院既有视线的分析图（图 8-1）。视线分析图，能对接下来组织视线时提供很大帮助，并能够给出设计时的重点，启发设计思路。组织视线，即是对既有视线进行遮挡、利用或聚焦，以下将分别阐述。

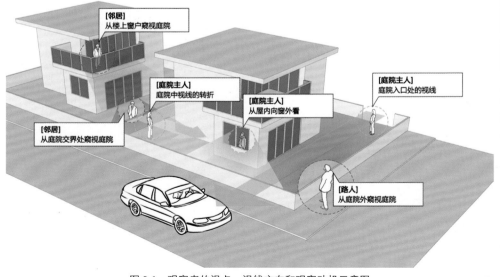

图 8-1 观察者的视点、视线方向和观察动机示意图

8.2 视线的遮挡

庭院中私密性的空间能让人感到放松，充分享受庭院生活的惬意。

影响庭院私密性的视线都来自院外，即路上行人以及周围邻居的视线。邻居一楼窗户的视线比较容易遮挡，而二楼及以上的窗户视线，则需要设法种植高大的乔木、廊架、荫棚加以遮挡，以增强庭院的私密性。

遮挡来自院外的视线，可使用墙体、不同材质的篱笆等硬质材料，也可以使用植物做柔性遮挡。使用硬质材料遮挡视线时，具有极强的遮挡效果；但景观效果不佳、生硬，使用时需要对其进行美化，如使用不同颜色或图案的墙体，或是利用攀缘植物柔化硬质材料的生硬感。使用植物遮挡视线时，因为枝叶之间存在缝隙，遮挡的效果相对墙体弱；但景观优美自然、柔和（图8-2）。根据庭院主人对于私密性的具体需求，可以在平面图上，用"弓"形线段，标注出需要使用硬质遮挡的地方，用波浪形线段"~~~"标注出需要使用植物遮挡的地方。

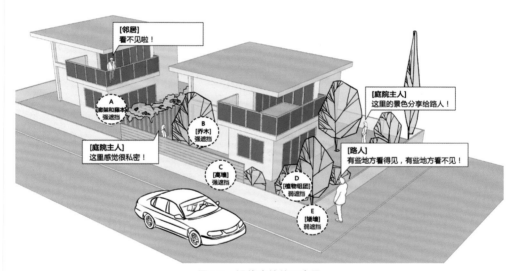

图 8-2　视线遮挡的示意图

庭院中有时存在景观不良的地方，比如空调外机、下水井、堆肥池、院外的高压电线、邻居家的狗舍等，需要进行遮挡，需标注在平面图上，以便设计时从总体景观出发选用不同方式遮挡（图8-3）。

8.3 视线的利用

破坏庭院景观的视线需要遮挡，但能够帮助庭院景观呈现的视线则应充分利用。如连绵的远山、茂密的树林、蔚蓝的大海、邻居庭院美景和庭院附近的房屋、廊架、凉亭、树木等景物都可以借入庭院之中（图8-4）。如果借景得当，有时能让观者产生庭院面积很大的错觉。这个技巧尤其适用于小型庭院之中（详见第13章）。

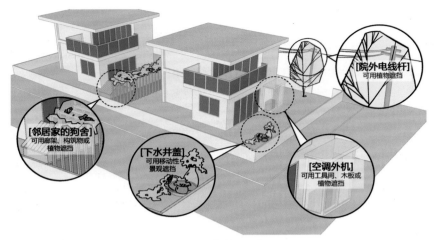

图 8-3　不良景观示意图

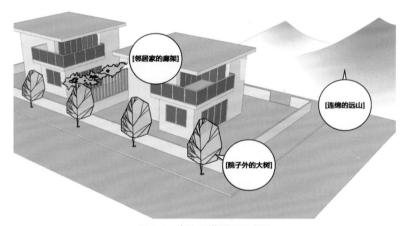

图 8-4　院外可借景观示意图

　　视线的长短对于空间氛围营造有很大影响。长视线可以让人看得更远，给人以深远感，营造出幽深的庭院环境（图 8-5）；短视线则让人将视线聚焦在近处，给人以亲切感（图 8-6）。庭院中最长的一条视线往往出现在对角线上，即从庭院的一个角，看向庭院最远处的对角。对于面积小、长宽近等的庭院来说，应巧妙利用对角的长视线，可增加庭院的进深感（图 8-7）。

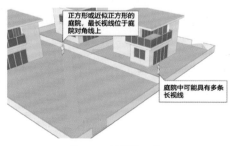

图 8-5　长视线示意图

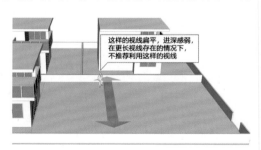

图 8-6　短视线示意图

图 8-7　庭院进深较短时（如上图），可以利用对角长视线，增加进深

利用长视线时，需对视线进行引导，比如沿视线方向布置道路，道路两旁栽植植物，从而让人不自觉地向长视线的方向看去；或是在视线末端放置景观节点，如水景、雕塑、精致的家具或装置、颜色美丽的树木等，作为吸引目光的焦点；还可以借用院外的景致，进一步延伸视线的距离，加强进深感。关键在于如何以视线焦点为核心，并巧妙搭配景观以引导视线，来形成丰富的层次感（图 8-8）。

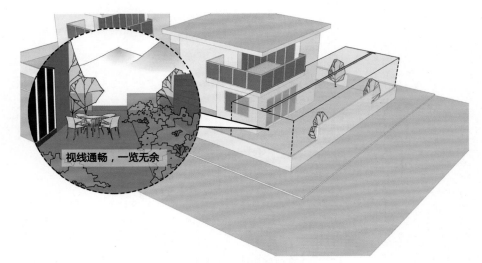

图 8-8　利用长视线的示意图

对于狭长的庭院来说，过长的视线可能会形成狭窄逼仄、冗长阴森的感觉。此时需要加以隔断，来避免消极感受。使用植物或硬质材料，将狭长的空间分割为若干个近似正方形的空间，就能将长视线打断为若干条短视线。利用短视线就可以营造出尺度近人的温馨空间，同时空间私密性也较强（图 8-9）。

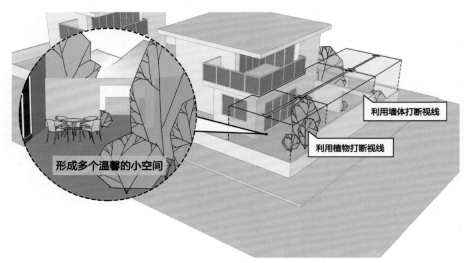

图 8-9　空间分隔示意图

8.4　视线的聚焦

在对视线的"视点、方向、动机"进行三要素分析后，明确哪些视线可能无法回避，哪些视线的使用频率高，应在这些常用视线所见之处打造视觉焦点，以聚集视线，做到"有景可观"，使人心情愉悦。

8.4.1　从屋内向外看的视线

设计庭院时，很容易只注意庭院本身，而忽略了从室内向外看的视线。将房屋中所有窗户的视野范围标注在平面图上，视野范围内的景致将会因为窗户的框架而成为天然的框景。

景物距离窗框的最佳距离，应大于窗框高度的两倍，才能形成良好的效果。如果窗户距离院墙较近，那么栽植的植物应该矮小一些，以草本植物为主。如果在距离窗户近的地方栽植乔木，或是树冠茂密的灌木，会堵塞视线，导致室内的人不适的观感。

> **小贴士**
>
> 框景就像是相机的取景框，摄取了庭院的最佳景致。

8.4.2　视线焦点

通过上述对长视线、窗外视线等常用视线进行的分析，可以在这些视线的交点处，找到视线的焦点，就是庭院的视觉中心，意味着能从庭院中的多个位置看到这个点。在设计时要重点考虑，利用焦点设计庭院的景观节点，能将景观的效用最大化（图 8-10）。常见的处理办法是设置水景等景观小品，也可以栽植观赏性好、观赏期长的庭荫树或花境。

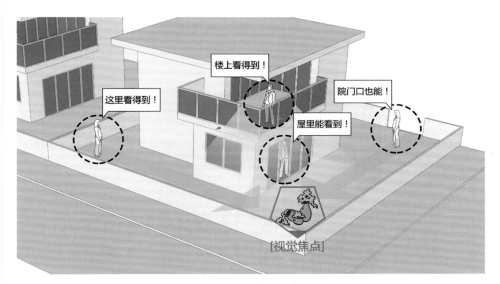

图 8-10　视线焦点示意图

8.4.3　高差

庭院中任何抬高的地方都会吸引视线，庭院中地形若具有高差，设计时应该重点考虑（图 8-11）。庭院视线分析图的画法示例如图 8-12 所示。

如果高差变化剧烈，则需要弱化高差，削减突兀感。如有些下沉庭院具有高耸的墙壁，让人无法转移视线，可在墙上顺势营造跌水、壁泉，利用强烈高差的聚焦作用，让人忽略掉高差的突兀感而关注景物本身。反之，若庭院地形过于平坦或起伏较少，则可以营造高差，丰富庭院在竖向空间上的变化。可以营造微地形，使庭院产生起伏的高差变化。也可以在视线焦点、长视线末端安插廊架、凉亭等构筑物，或是栽植一株姿态优美的庭荫树，利用景物自身的高度来丰富庭院的竖向空间变化，同时起到聚集视线的作用。

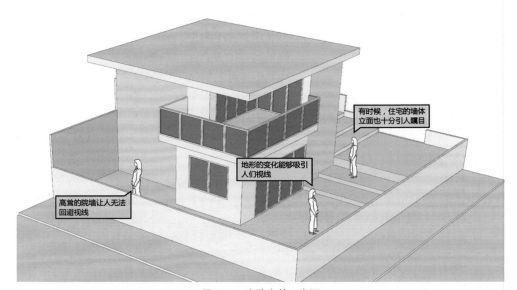

图 8-11　庭院高差示意图

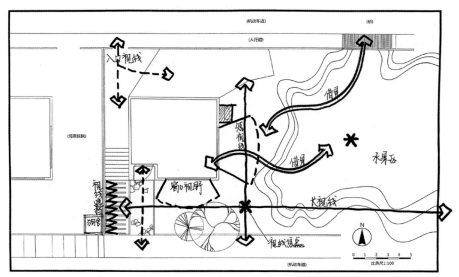

图 8-12　庭院视线分析图的画法示例

第 9 章
庭院的分区和布局

环境分析、视线组织后，适合这座庭院的布局形式就已经呼之欲出了。理性思考必须贯穿分区布局的始终，理由越充足，考虑则越周全，布局也就越合理。

9.1　庭院的三个基本分区

一个"基础款"庭院，具有三个基本的区域，即活动区、休憩区和景观区。如果不需要其他的功能，那么用这三类区域就能占据庭院的所有空间（图 9-1）。

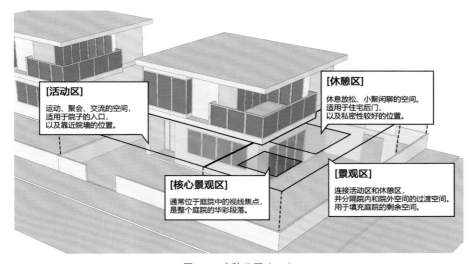

[活动区]
运动、聚会、交流的空间，适用于院子的入口，以及靠近院墙的位置。

[休憩区]
休息放松、小聚闲聊的空间。适用于住宅后门，以及私密性较好的位置。

[核心景观区]
通常位于庭院中的视线焦点，是整个庭院的华彩段落。

[景观区]
连接活动区和休憩区，并分隔院内和院外空间的过渡空间。用于填充庭院的剩余空间。

图 9-1　庭院分区（一）

9.1.1　活动区

定义： 活动区是庭院中最具活力的区域，也可以称为"动区"，主人与客人可以在此进行活动、交流，甚至是举行聚会。

位置： 活动区最好安排在建筑的南侧，此处阳光充足，能够供在室内久坐的人们活动筋骨、沐浴阳光。此外，庭院中相对热闹、人气聚集的地方也比较适合作为活动区，一般也会设计得比较开放，允许街坊邻居的参与，如住宅门前的前庭、后庭中靠近建筑的位置以及庭院临街的位置。

形式： 用于烧烤区、户外就餐或厨房区、篝火区，可以使用硬化地面，也可以使用草坪或木质平台；如果是想要用来运动，则可以设置游泳池，为足球、高尔夫等运动设置一小块草皮，为篮球运动设计水泥地和篮球架等。

9.1.2　休憩区

定义： 休憩区是庭院中比较安静，供人放松的区域，也可以称为"静区"。这个区域主要是供主人和比较亲密的客人使用。

位置： 休憩区不需要太大的面积，但一般需要较强的私密性。尽量设计在后院视野和景观俱佳的地方，用高墙或茂密的植物进行围合，以供静思、小憩。还可以安排在紧贴住宅建筑的位置，成为室内空间向户外延伸的过渡区域；或者安排在远离住宅建筑的位置，以便在游庭走远时依旧有落脚之处。如果庭院面积较小，也可以将休憩区与活动区合并，并使用方便移动的阳伞提供遮荫。

形式： 用于茶聚区、日光浴区、可以使用的形式有很多，如在建筑北侧搭建露台，或是种植庭荫树形成宽广的树荫，或是结合廊架、凉亭、荫棚进行设计。

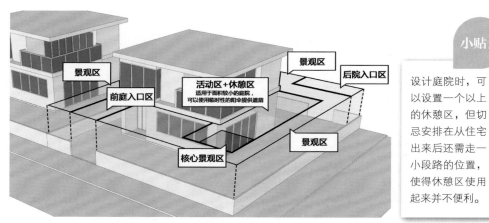

小贴士

设计庭院时，可以设置一个以上的休憩区，但切忌安排在从住宅出来后还需走一小段路的位置，使得休憩区使用起来并不便利。

图 9-2　庭院分区（二）

9.1.3　景观区

定义： 除了活动区和休憩区以外的其他区域，均可划入景观区，也可以称为"过渡区"。景观区具有三个作用，一是连接作用，在景观区中使用道路连接"活动区"和"休憩区"，或是其他不同的功能区域；二是过渡作用，庭院内部和外部之间，开放空间和私密空间之间都可以使用景观区过渡；三是景观作用，即为庭院提供优美的景观，其中位于视线焦点的部分，也可以称为"核心景观区"。

位置： 从庭院整体来说，侧庭和中庭都适合用作景观区，并铺设步道，以连接前庭、后庭与住宅的各个空间。

形式： 在景观区中可以用各种各样的景观元素进行填充，比如植物、石材、景观小品等，形成具有变化的景观，起到引人入胜的目的。还可以衍生出香草园、岩石园、台地园、枯山水、旱溪等多种形式。

9.2　更多的功能分区

设计师在设计时要充分了解家庭成员的构成，以及不同家庭成员的需求。如果希望庭院拥有更多的个性化功能，可以细分出更多的功能区域（图 9-3）。

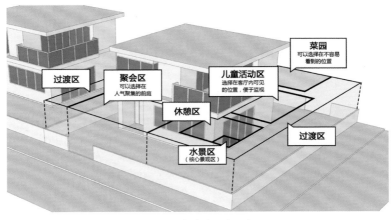

图9-3 庭院分区（三）

9.2.1 水景区

　　无论是动态的还是静态的水，水景在庭院中都能够引起人们足够的兴趣。

　　水景的营建和养护成本通常较高，但景观也十分精彩，所以可以将水景布置在视线焦点处，从多个角度欣赏到它，将其最大化利用。可以与休憩区结合，尤其是流动的水景，可以降温、增湿的同时还有利于心情的愉悦，流动的水声具有以声衬静的效果，还能掩盖庭院外边的噪音，使环境显得更加清幽（图9-4）。

　　水景具有多种形式，造价较高的如跌水、喷泉、壁泉等，适合面积较大的空间；造价低廉的如惊鹿、石盂、水缸等，适合小巧的庭院。还可以水池为主景，在庭院中设计水景园。

　　但庭院中的水池等水景，常给庭院带来过多的蚊子，庭院设计时也应考虑在内。

9.2.2 儿童活动区

　　不同于一般的活动区，儿童活动区首先要保证安全性。儿童活动区常布置在客厅窗户的视野范围内，且区域中不宜使用有毒、有刺、致敏的植物和材料（图9-5）。

图9-4 与休憩区结合的水景

图9-5 儿童活动区应视野开阔便于监管

考虑到儿童终将会长大，所以儿童活动区常是可转变的区域。在面积有限的庭院中设计儿童活动区时，需要考虑可持续发展性。

9.2.3 菜园

常有业主喜欢在庭院中设计栽植蔬果的菜园，新鲜、健康的蔬菜，能为主人带来收获的快乐。

无论菜园采用何种形式建植，作物春季未长叶时或秋季收割以后，裸露的土壤使得它将成为庭院中景观较差的地方。因此常将菜园安排在庭院中视线使用频率较低、不常被看到的地方。菜园附近，最好还要安排一个储放工具、肥料的储物间，方便取用和收纳田间劳动的物品。将菜园布置在收集雨水的蓄水池附近还可以就近灌溉。

当然，也可以反其道而行之，以蔬果为主题，将庭院打造成蔬果花园。这需要对种植区域进行精致的规划，比如形状精致的种植池，选用观赏价值较高的蔬菜、果树种类，使整个庭院有景可观。

9.2.4 阳光房

阳光房不论在南方和北方大都存在夏天闷热、冬天寒冷的情况，所以在夏季需要空调降温，冬季需要暖气升温，建议设计前需要权衡其利弊。

建设阳光房最好紧贴建筑南侧，而不要单独建设。一是可以利用建筑的管道线路铺设空调、暖气，二是在冬季时建筑可以为阳光房抵挡寒冷的北风，增加阳光房的保温效果。此外，阳光房最好选用中空玻璃，在夏季具有良好的隔热效果，在冬季也能发挥保温的作用，从而减少能耗。

阳光房的门、窗、天棚尽量设计成可以打开的形式，以便夏季通风降温。阳光房的南侧最好种植落叶乔木，在炎热的夏季树冠能为阳光房提供荫蔽以降温，在寒冷的冬季到来时，树木落叶后也能使得阳光能够照射到阳光房。

9.2.5 临时停车位

住宅中一般会带有车库，但如果需要在庭院中加设一个可供客人临时停车的区域，则最好选择靠近路边的地方，并在图上标注出来。临时停车的区域可以与临街的活动区结合起来，平时用于活动，需要时也能用于停车，以将场地最大化利用。

9.3 分区布局

尽管将庭院按用途分成不同功能区，庭院还应组织不同功能区形成一个整体。要综合考虑各个分区的面积、形状、距离以及高差变化，考虑分区之间的有机联系。

9.3.1 分区的面积

根据功能可以大致确定不同分区面积。一般而言，活动区、休憩区不超过庭院面积的40%，剩下的作为景观区。但比例不是绝对的，可视庭院主人的需要情况调整。

分区的面积依据使用者的亲密关系程度、使用姿势以及人数来确定，计算方法如图9-6

所示。根据该公式的计算结果呈现在表 9-1 中，设计分区时，只需根据期望空间可容纳的上限人数乘以对应的个人使用面积即可计算出一个分区的最小面积。

表 9-1 不同 使用姿势和距离对应的个人单位面积

使用姿势	亲密距离 适用于使用者彼此关系亲密的情况，如亲人	个人距离 适用于使用者彼此认识，或想要促进相识情况，如密友及朋友	社交距离 适用于使用者彼此陌生，且不希望发生交流的情况
站立	0.5m²/人	1.0m²/人	4.5m²/人
坐立	0.8m²/人	1.5m²/人	5.0m²/人
平躺	2m²/人	3.0m²/人	8.0m²/人

■ 人的活动范围r

站立　　　　　坐姿　　　　　平躺

■ 人和人的距离R

确定停留区域的地面面积

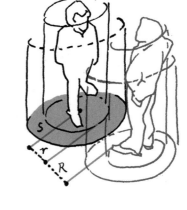

亲密距离　　　个人距离　　　社交距离　　　公共距离
R=0.15~0.45m　R=0.45~1.2m　R=1.2~3.7m　R=3.7~7.6m

■ 公式：

$$S = \pi \cdot \left(r + \frac{R}{2} \right)^2 \times n$$

停留区域面积S　　　　　人的活动范围r　　　　　人与人之间的距离R　　　　　人数n

图 9-6 分区面积计算方法

应尽量避免不同分区的面积大小近似，否则就会形成均质感。设计分区应一些区域较大，一些区域较小，这样在庭院中行走时，能明确感觉到空间变化。至于哪一些区域应该大，哪一些区域应该小，则要视具体情况而定。可根据空间对于氛围的要求来调整面积：面积越大，空间越开放、正式；面积越小，空间越私隐、亲切。一般来说，活动区较大，休憩区较小。

9.3.2 分区的排布

庭院的面积有限，因而需要对各个分区的位置合理安排。按不同功能区域对视线和环境的要求，设置在庭院中最适合的位置。但这也不是绝对的，如设计一座长方形的庭院时，如果想要利用其对角线上的最长视线，就应该以对角线为轴线，在轴线上安排分区，以增加庭院的进深（图 9-7）。

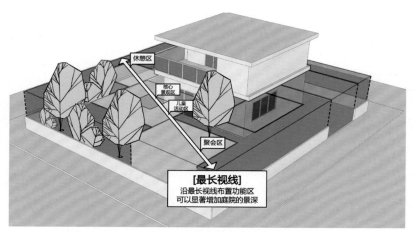

图 9-7 以最长视线为轴线设计庭院区域

　　不同分区之间的距离，要根据两个区域的气氛是否相关而定。如果两个区域之间的气氛相差很远，那么就需要离得远一些，比如休憩区和菜园。但如果两个区域之间的气氛相近，则可以靠近一些，还可以结合在一起设计，比如休憩区与水景区。

　　分区之间的距离也不是绝对的，相比实际的直线距离，更强调心理距离。可以通过加强视线遮挡、增加视线互动和引导的方式，隔离或联系两个区域（图 9-8）。还可以通过动线的设计延长或缩短两个区域之间的步行距离，这将在第 10 章中说明。

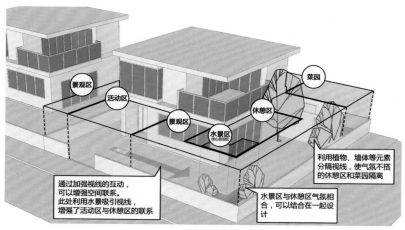

图 9-8 庭院功能分区的关系

　　如果庭院较大，空间充裕，可以设计大空间和小空间交替出现，形成空间的对比，这样能够形成开合张弛的节奏变化。在此基础上，还可以利用"欲扬先抑"或"欲抑先扬"的方式来彰显空间的主次（图 9-9）。

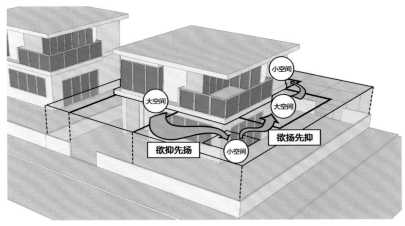

图 9-9　庭院大小空间的关系

9.3.3　分区的高差

即使庭院中不存在高差变化，分好区域后，也可以人为营建高差。比如下沉的休憩区可进一步增强私密性，营造温馨的氛围；抬高的休憩区可获得更好的视野。利用高差变化，还能增强空间的独立性，使空间与空间之间的界限变得明显。

庭院分区分析图画法示例如图 9-10 所示。

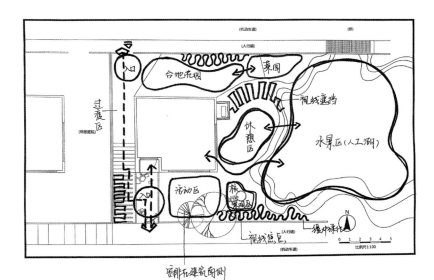

图 9-10　庭院分区分析图画法示例

第 10 章
组织庭院动线

动线是指庭院中的人和车辆等事物的移动轨迹，能将各个区域连接起来，使庭院成为一个有机整体。

庭院中的不同区域的使用者及使用频率和移动轨迹的不同，形成不同的动线。此外，机动车驶向车库的轨迹，行动不便人士使用轮椅的轨迹，以及在收拾庭院时手推车和割草机等工具的移动轨迹等也需要考虑在内。

不同的使用者，对庭院道路的方向、路径、宽度、铺装以及配景的需求是不同的。分析和组织庭院中动线的目的，是为了在后期能够设计出兼具实用性和美观性的道路。

10.1　动线的构成

分析动线，就是分析移动者的"起点、终点、动机和频率"四个要素。

可以使用表 10-1，对庭院中的动线进行分析，而后可以在纸上画出这些动线。

表 10-1　庭院中的动线分析表格

移动者	起点	终点	动机	频率
主人	前院入口	住宅前门	回家	每天
	车库	住宅前门	回家	每天
	住宅后门	菜园	采摘食物	经常
	住宅后门	后院休憩区	休闲	经常
	住宅后门	后院活动区	锻炼	偶尔
	后院运动区	后院休憩区	休息	偶尔
	后院	前院	开门	偶尔
儿童	住宅后门	儿童游乐区	游玩	经常
客人	前院入口	住宅前门	拜访	偶尔
	住宅后门	后院活动区	聚会	偶尔
机动车	车行道	车库	停车	每天
手推车	工具间	庭院各个区域	打扫	经常
……	……	……	……	……

组织动线主要从动线的走向和轨迹两个角度考虑。至于道路具体的设计形式、宽度以及使用的铺装，则是之后具体设计时考虑的内容。

10.2　庭院动线的组织

动线的作用是把庭院的各个区域连接起来，以便通行，其移动方向由动线的起点和终点来决定。在组织和优化动线时，可以使用以下三种方法。

小贴士

设计时，可以使用不同颜色的笔迹来代表不同的移动者，使用带箭头的线段来代表移动轨迹的起点和终点，使用不同粗细的线段来代表使用频率的多少，还可以在线段旁用文字标注动机（图10-1）。

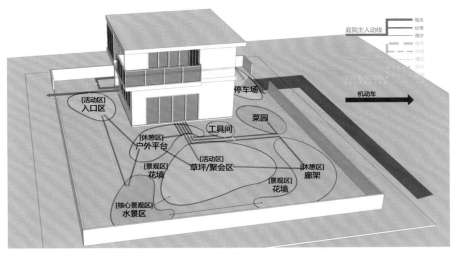

图 10-1　动线的方向示意图

10.2.1　删除和简并动线

　　庭院中，可以删除一些使用频率低的动线，通过其他主要动线达到相同的目的。距离比较接近的可以合并为一条动线（主路），然后再用支路延伸至各个区域。主路需要宽敞、便捷，而支路则可采取汀步、踏步石、台阶等具有趣味的形式（图10-2）。

　　合理使用删除和简并动线的方法组织动线，会更加注重功能区域之间的连接，道路简短、实用，用最少硬化铺装的面积，换取更多的种植空间（图10-3）。

小贴士

注意单条动线不应与院墙直接相接，形成"断头路"（图10-4）。无论如何，动线的终点都应该是通向一个功能区域，也就是一个面积局部扩大的空间（图10-5）。

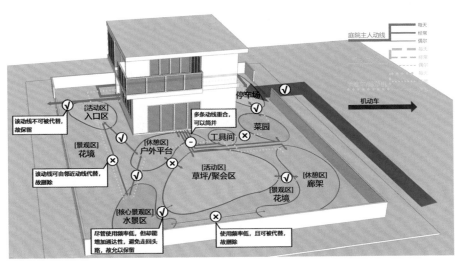

图 10-2　动线取舍的示意图

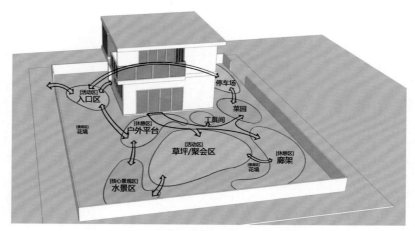

图 10-3　删除、简并后的庭院动线示意图

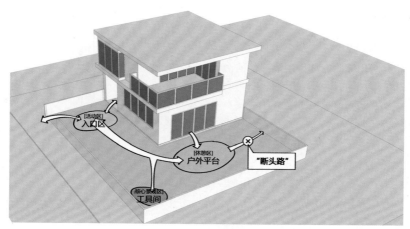

图 10-4　断头路的示意图

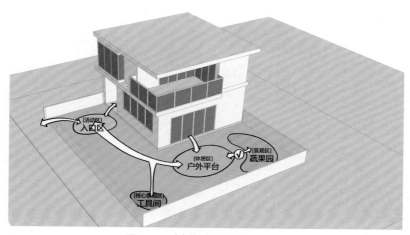

图 10-5　避免断头路的做法示意图

10.2.2　环形动线

大型庭院中如使用上述方法，因为功能区域较多，往往会显得道路断续、不流畅，缺乏整体性。

庭院面积较大时，可以将动线重新组织成环形，贯穿庭院始终（图10-6）。环形动线一般是围绕庭院的中心区域设计，如果住宅四周都有庭院空间，亦可以围绕建筑设计环线。在主环线的基础上，将次级动线向外延伸至其他功能区域。

小贴士

在这里需要注意，环形动线使用的硬质铺装面积大，仅适用于面积大、功能区域多的庭院。

第6章　测绘庭院

第7章　庭院环境分析

第8章　组织庭院视线

第9章　庭院的分区和布局

第10章　组织庭院动线

图 10-6　环形动线的示例

10.3　动线的轨迹

动线的起点和终点决定了动线的大致轨迹，但也可以根据动机和使用频率，来进一步缩短或延长动线的轨迹。

10.3.1　动线的缩短

对每天都使用的日常动线来说，首要需求是便捷。两个功能区域之间的关系紧密时，可使用直接连接的方式，缩短路径、强化联系。但笔直的道路会显得枯燥乏味，所以可以设置一些幅度较小的弯折。比如从前庭入口到住宅正门时，设置轻微曲折的道路可以避免建筑正门正对庭院入口，增强隐私性，又可以从视觉上拉长前庭的景深（图10-7）。

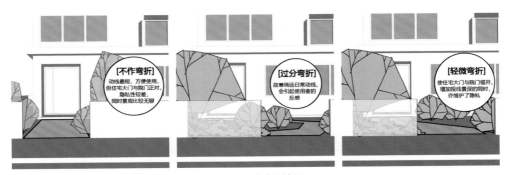

图 10-7　动线的缩短

10.3.2 动线的延长

设计使用频率较低，以观赏、休闲为动机的路线时，则可以延长路线。"S"形的道路和环型道路都是常用的延长动线方式。通过延长动线的距离，可以减缓通行速率，延长观赏的时间，庭院的面积虽然没有增加，但却让人觉得空间变大了（图 10-8），还能够增加庭院的趣味性，激发观者的探索欲望。

庭院动线分析图的画法示例如图 10-9 所示。

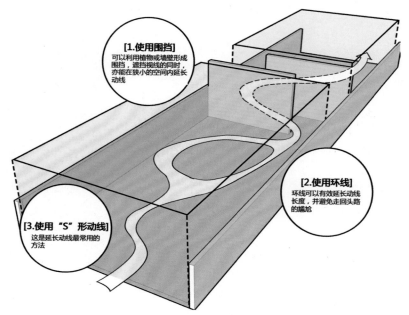

图 10-8　动线延长示意图

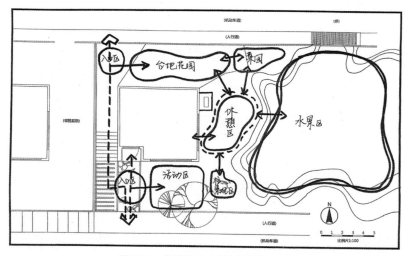

图 10-9　庭院动线分析图的画法示例

庭院设计篇

导言

　　对庭院的环境、视线、动线和分区进行分析和规划能帮助我们把握庭院的优点、缺点和重点。接下来的设计过程，就是要利用好庭院的优点，规避庭院的缺点，并着重设计庭院的重点。庭院设计的内容分为三大类：硬质景观设计、植物景观设计和装饰景观设计，三者相辅相成。在此基础上本篇还将介绍庭院的构图设计和深化设计的方法。

　　设计者的责任在于将植物、木材、石材、金属等这些看似毫无联系的元素梳理排布，使它们在庭院环境中形成一个有机整体，并营造出各种各样的空间效果，使人身心愉悦。前期分析做得越详尽，在设计时思路也就越清晰。

　　如何将庭院的环境条件扬长避短，营造舒适宜人、具有美感的空间？随着时间推移，庭院会如何发生变化？而植物在其中，发挥怎样的作用？这些问题将在本篇中继续讨论。

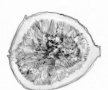

第 11 章
庭院的构图设计

前期对庭院的视线、动线的分析以及对分区的规划，能在庭院中找到观赏价值高的位置，这些位置将成为"景点"。设计者要为这些景点选择适合的构景形式，并进行构图设计。

11.1 选择景点位置

庭院中观赏价值较高的位置通常位于以下几处：客厅和餐厅的窗户，停留区域，长视线的两端、转角、坡地、台地和墙面。为了让庭院景观令人印象深刻，常选择其中 2~3 个最具特点的位置进行精细设计（表 11-1）。

表 11-1　景点位置及相应的设计要点和设计实例

客厅和餐厅的窗户

庭院空间是室内空间的延伸，窗户沟通了室内外空间，尤其是客厅和餐厅等常用空间的窗户外的景色，应重点设计

停留区域

凉亭、廊架、座椅等活动区或休憩区，坐下后身体朝向角度对应的位置，都可以作为景点打造

转角

建筑转角、道路转角是视线的转折处，通常具有承前启后的功能。利用得当，能营造悬疑感和惊喜感，起到引人入胜的目的

长视线的两端

利用长视线可营造具有景深的画面感，形成"庭院深深"的诗意。长视线两端的端点往往也是庭院视线的焦点，可以营造关键的景物（如观赏价值高的植物、水景和雕塑等）

坡地、台地、墙面

庭院中高差起伏较大的地方，是人们视线难以避开的位置，须精心设计，化缺点为优点

第11章 庭院的构图设计

第12章 庭院的硬质景观设计

第13章 庭院的植物景观设计

第14章 庭院的装饰景观设计

第15章 庭院的深化设计

第16章 庭院设计的时间力量

11.2 选择构景手法

确定好需要着重设计的景点后，需要为这些景点选择构景手法。不同位置的景点，适合的构景手法不同（表11-2）。同一个景点，也可采取多种构景手法进行组合。

表11-2 庭院不同位置适宜的构景形式

景点位置	框景	漏景	借景	对景	夹景	添景	障景
客厅和餐厅的窗户	★★★	★	★★	★★	★		
停留区域	★★	★★	★★	★★			
长视线	★★		★★★	★★★	★★★	★★★	★★★
转角							
坡地、台地			★★★	★★★			
墙面	★★	★★★		★			

注："★"数量越多代表越适合，同一景点可以结合使用多种构景形式。

（1）框景： 框景如画，具有稳定而精致的美感，能够聚焦视线。空间中的门、窗、漏窗都适合打造框景。当"画框"为门时（如月门等），能激发人们探索欲望，使人不自觉地走进"画"中世界。如果空间中没有现成可用的"画框"，也可以通过各种方式营造出"画框"（图11-1）。

图11-1 框景（不同的门形成的框景）

（2）漏景： 墙上的镂窗、柱子密集的廊架、枝丫稀疏的树冠，都可以营造漏景。漏景遮挡掉了部分视线，而使后方景物若隐若现，具有激发探索欲望的作用。同时漏景能够形成具有围合感和较私密的空间，又不会让人觉得压抑（图11-2）。

（3）借景： 将庭院外的景物"借"入庭院之中，融为庭院景观的一部分，称为借景（图11-3）。借景可以进一步增强庭院的景深，

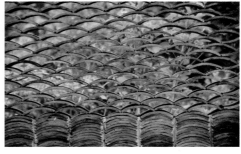

图11-2 漏景

让画面的层次更加丰富，使庭院的视觉面积要比实际占地面积更大。根据所借景物位置不同，可以分为以下几类：

①**近借**：如庭院外人行道上的树木花草、紧挨庭院的湖泊、溪流。

②**邻借**：如邻居家的植物、庭院构筑物（廊架、凉亭、山石）。

③**远借**：如远方的塔、建筑、山、湖、海等。

④**仰借和俯借**：借入空间上方或下方的景物，如下沉庭院可以借地面层的景物（仰借），住宅高层的露台、屋顶花园可以借下方的风景（俯借）。

小贴士

此外还有一类特殊的借景形式，称为"应时借"。应时而借自然元素，如朝阳、夕阳、月光、风、雨、雪、露等。

图 11-3　邻借（墙后的竹子）与远借（拙政园远借北寺塔）

（4）对景：在视线的端点布置景物，称为对景。在视线一端布置景物，称为"正对"；在视线两端都布置景物，称为"互对"。通常为了景观的逻辑性，在视线的末端都需要布置景物形成对景，可以布置植物、构筑物或装饰物等（图 11-4）。有时可以通过借景来作为对景。

图 11-4　以景石或建筑物为对景

第11章　庭院的构图设计

第12章　庭院的硬质景观设计

第13章　庭院的植物景观设计

第14章　庭院的装饰景观设计

第15章　庭院的深化设计

第16章　庭院设计的时间力量

（5）**夹景：**如景物具有很好的观赏价值，但水平方向的视野很宽，此时为了突出主景物，则需要对两侧的视野进行限制，称为"夹景"。夹景常与借景、对景并用，对画面进行"剪裁"，变横向构图为纵向构图，把最精华、最具有画意的部分呈现出来（图11-5）。

图11-5　夹景（左：利用两侧构筑物形成夹景；右：利用绿篱形成夹景）

（6）**添景：**在长视线方向上，如果只有远景，眺望时就显得缺乏空间层次。所以在视线上添加植物或装饰物，以形成近景或中景的方式即"添景"（图11-6）。

图11-6　添景（在中景处添加雕塑或植物）

（7）**障景：**也称为抑景，利用屏障物遮挡视线，引导人视线转变方向。有时也能作为背景烘托前方景物可用于庭院中的各种转角，或是用于狭长空间以分割空间。障景能起到欲扬先抑的作用，增强空间景物感染力，引领观者感受一步一景、曲径通幽的景观（图11-7）。

图 11-7 障景（竹篱笆）

11.3 选择构图形式

庭院中常用的三种构图是三分之一构图、"之"字形构图和对称构图。针对不同的构景手法，适用的构图形式也不同（表 11-3）。

除此之外，庭院中的道路很大程度决定着观赏者的移动和视野范围，所以在构图设计时，需巧妙安排道路的位置，以形成不同气氛效果的画面构图。

表 11-3 各构景形式适合的构图形式

构景手法	三分之一构图	"之"字形构图	对称构图
框景	★★★	★★	★★
漏景	★★	★★	★
借景	★★	★★★	★★★
对景	★★★	★★★	★★
夹景	★★★	★	★★★
添景	★★★	★★★	★★★
障景	★★★	★	★★

注："★"数量越多代表越适合。

〖（1）三分之一构图：〗三分之一构图是最常用、最百搭也最灵活的构图手法。三等分点的位置与黄金分割点 0.618 非常接近，将画面中的线条元素置于三等分线附近，将关键景物放在三等分线的交点附近，能形成自然和谐的画面感，自然式庭院常采用这种构图方法（图 11-8）。

图 11-8　三分之一框景构图示例

第11章　庭院的构图设计

第12章　庭院的硬质景观设计

第13章　庭院的植物景观设计

第14章　庭院的装饰景观设计

第15章　庭院的深化设计

第16章　庭院设计的时间力量

（2）"之"字形构图："之"字形构图可形成曲径通幽的意境，随着"之"字道路延伸，自然地在道路两侧弯折处形成前景、中景和远景，而弯折处将成为画面的视觉焦点。如果道路两侧的地形高低起伏，看起来会更加有层次和韵味（图 11-9）。

图 11-9 "之"字形构图示例

（3）对称构图：对称构图能够明显找到画面中的对称轴，营造出正式、庄严的气氛，适用于规整式庭院或抽象式庭院。通常以笔直的道路、建筑、几何形水池的中轴线作为轴线。在轴线两侧对称、均等地布置景物，以及在轴线的中央或末端布置中景或远景，成为视线焦点（图11-10）。

小贴士

使用对称式构图时，中轴线上的道路、建筑、水池要使用规整、对称的几何形状，避免使用轮廓不清晰的自然形状。

图 11-10　对称构图示意

11.4 营造景深

在有限的庭院空间内，营造出深远、通幽的感觉，除了利用庭院中的长视线增加景深以外，还有多种技巧。

（1）添景： 一个具有景深感的画面来说，至少包含三个层次：前景、中景和远景。如果想要拥有更多的层次，可以在中景部分再添加 1~2 个层次；或借景以增加远景的层次（图 11-11）。

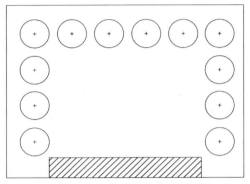
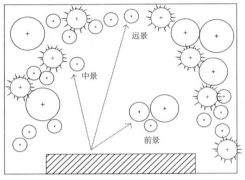

没有前景和中景，只有远景靠边种植的几排树，属于单一层次，庭院显得空旷

重新设计空间层次，增加空间进深感

图 11-11 使用添景前后的效果

（2）层间留白： 为了形成清晰的景物层次，在层与层之间，要保留一定的空隙，形成留白，避免不同层次的景物杂糅在一起。增加庭院的节奏感和韵律感（图 11-12）。

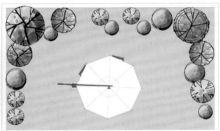

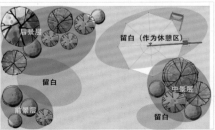

图 11-12 使用层间留白前后的效果

第11章 庭院的构图设计

第12章 庭院的硬质景观设计

第13章 庭院的植物景观设计

第14章 庭院的装饰景观设计

第15章 庭院的深化设计

第16章 庭院设计的时间力量

（3）近大远小／近重远轻／近实远虚：
在绘画或摄影时，景深的前景是具象的，远景是模糊的。在设计庭院时，可以利用这个技巧，在前景处设置质量感较重或是体量感较大的元素，而在远景处设置质量感较轻或是体量感较小的元素，形成对比（图11-13、图11-14）。

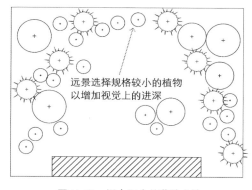

远景选择规格较小的植物以增加视觉上的进深

图 11-13　近大远小的营造方法

图 11-14　观赏草带来的近实远虚与近虚远实的效果

（4）利用水面：水面通常能够反射光影，是庭院中的"虚"元素，水也常为庭院带来动感。在一个空间内布置水面或溪流，可以借助水面虚无缥缈的特性，使观者在水面两头观望时，产生远近难测的感觉，增加空间的进深感（图11-15）。

（5）意境联想：在狭小的庭院空间内，凝练、概括地表达一些自然意象，如重峦叠嶂、涌泉幽溪、山洞瀑布、竹径禅房等，能够引发人们的联想，以小见大，将人们的思绪从院内带向院外广阔的大自然中去。中式的假山和日式枯山水是联想的典型代表。

图 11-15　利用水面增加景深

硬质景观是指通过铺装、建造、木作、机电等方式建造而成的景观元素，如庭院中的亭廊、雕塑、水池、台地、栏杆、墙体、铺地等。主要包括三部分：地形设计、道路设计和建造设计，三者逐步递进。

12.1 地形设计

地形是庭院最基础的立地条件，是硬质景观设计中首先需要考虑的对象。

12.1.1 高差较大的坡地

有些庭院中存在高差较大的坡地。在处理高差较大坡地时，常用方法是将坡地转化为台地，把高差"化整为零"形成高度参差错落、逐级而降的平台。将种植池、植物、台阶、扶手、水池、跌水巧妙搭配组合，形成错落有致、壮观又令人惊喜的台地园（图 12-1）。

如果坡度比较陡峭，则可因地制宜利用坡地模拟自然界中的陡峭山壁，在上面设计溪流、瀑布，坡底营造水池，搭配姿态自然的植物，形成山野小景（图 12-2）。还可以将坡地处理成岩石园的形式，在坡地上方堆叠石头，模拟自然界高山的岩石景观，栽植耐旱、耐贫瘠的岩生植物（表 12-1）。

图 12-1　坡地景观营造

第11章 庭院的构图设计

第12章 庭院的硬质景观设计

第13章 庭院的植物景观设计

第14章 庭院的装饰景观设计

第15章 庭院的深化设计

第16章 庭院设计的时间力量

小贴士

岩石园是以岩生花卉为主题的花园形式。良好的岩生花卉植株低矮，常呈垫状，植物生长缓慢，生活期长，耐干旱贫瘠，抗性强，是能长期保持优美和低矮外形的常绿多年生植物。在庭院中的挡土墙、石路边等于岩石园生境条件类似的区域，都可以使用岩生花卉。

图 12-2　借助地形人工堆石后形成的自然坡地

表 12-1　适用于打造岩石园的植物

多年生草本	岩生庭荠、高山庭荠、南庭芥、点地梅属（长毛点地梅、矮点地梅等）、银莲花属（银莲花、秋牡丹、林生银莲花等）、耧斗菜属（岩生耧斗菜、高山耧斗菜、腺毛耧斗菜、华北耧斗菜）、蚤缀属（山蚤缀、丛生蚤缀、紫花蚤缀）、风铃草属（广口风铃草、垂枝风铃草、波氏风铃草、沃氏风铃草、圆叶风铃草）、绒毛卷耳、石竹属（高山石竹、欧石竹、红萼石竹、常夏石竹）、仙女木、牻牛儿苗属、老鹳草属、龙胆属、丝石竹属（霞草、匍匐丝石竹）、獐耳细辛、鸢尾属（网状鸢尾、细叶鸢尾、鸢尾）、亚麻属（高山亚麻、金黄亚麻、宿根亚麻）、月见草属（长果月见草、丛生月见草）、福禄考属（丛生福禄考）、花葱属（花葱、匍匐花葱、低矮花葱）、委陵菜属（矮委陵菜、毛委陵菜）、白头翁属（白头翁、兴安白头翁、钟萼白头翁、蒙古白头翁）、毛茛、岩生肥皂草、虎耳草属、矾根属（矾根、珊瑚钟）、景天属（垂盆草、佛甲草、高加索景天、松塔景天）、长生花属、麦瓶草属（麦瓶草、雪轮草）、百里香属（蒙古百里香、欧百里香、柠檬百里香）、婆婆纳属（穗状婆婆纳、岩生婆婆纳）、堇菜属（角堇、紫花地丁）、紫堇属（延胡索、紫堇、黄堇）、勿忘草属（勿忘草、承德勿忘草）
灌木	铺地柏、沙地柏、细叶水团花、金露梅、平枝栒子、匍匐栒子、龟甲冬青、地被银桦、杜鹃花属

12.1.2 微地形

微地形是指在庭院中高差小、坡度缓的地形变化。微地形可以通过堆土营造，适用于各种各样的庭院，在地形平坦的庭院中,常营造一些起伏的微地形，以增加变化，打破平坦带来的单调（图12-3）。

新手在设计庭院时，常会忽略微地形的营造，导致形成的景观平淡。而微地形能够有效增加庭院竖向空间的变化，显著增加庭院景观的韵律感。微地

A 草坪营造了起伏的微地形

B 尽管草坪没有营造微地形，但草坪周围的种植区营造了起伏微地形

图 12-3　微地形设计示例

形还能为植物提供不同的栽植条件，地形抬高处不易积水，适合栽植怕湿怕涝的植物；地形下凹处，适合栽植喜水湿的植物。

12.1.3　水面、池塘

　　水景作为庭院的核心景观，适合设置在视线焦点的位置。此外，地势较低处、建筑雨水管出口处亦适合营造水池，达到下雨时储水、集中、排水的目的（图12-4）。在水池驳岸和水中，可以栽种驳岸植物和水生植物。不同水深可栽植的植物见表12-2。水生植物生态示意图如图12-5所示。

小贴士

北方庭院中的小型水池在冬季来临前最好将水清空，并打扫其中的残枝落叶。大型水池可以在初冬结冰前提高水位，使花卉根系、鱼类在冰冻层下过冬。

第11章　庭院的构图设计

第12章　庭院的硬质景观设计

第13章　庭院的植物景观设计

第14章　庭院的装饰景观设计

第15章　庭院的深化设计

第16章　庭院设计的时间力量

图12-4　庭院中水面、池塘的设计示例

表 12-2　水生植物的种类

	特点	植物（括号内为栽培水深，单位：cm）
驳岸植物	喜湿润环境，在水边生长表现良好。不同种类对水淹的耐受能力不同，通常不作为水生植物使用，常用于打造驳岸植物景观	鸢尾类（路易斯安那鸢尾、燕子花、花菖蒲等）、水仙类（中国水仙、洋水仙）、石蒜类（中国石蒜、换锦花、鹿葱等）、萱草类、大花美人蕉、萼距花、水鬼蕉、大叶蚁塔、龟背竹、春芋
挺水植物	根生于泥土中，茎叶挺出水面之上。在庭院中通常需要盆栽，不耐寒的种类冬季需要倒掉积水、移入室内，并保持其土壤湿润	半边莲（0~5）、芋（5~10）、菖蒲（5~10）、水葱（5~10）、石菖蒲（5~10）、千屈菜（5~10）、慈姑（10~20）、雨久花（10~20）、再力花（10）、黄菖蒲（5~15）、燕子花（5~15）、梭鱼草（15~30）、香蒲（20~30）、芦竹（小于60）、荷花（60~80）、芦苇（小于100）、蒲苇（小于100）、纸莎草（15~25）
浮水植物	根生于泥土中，叶片漂浮与水面上。在庭院中通常需要盆栽，不耐寒的种类冬季需要倒掉积水、移入室内，并保持其土壤湿润	芡（小于100）、萍蓬莲（30~60）、睡莲类（10~60）、荇菜（100~200）、大薸（10~20）、王莲（30~40）
漂浮植物	根生长于水中，植株体漂浮在水面上。多数种类冬季均不耐寒，在北方地区冬季需要打捞出来置于室内的水缸中。多数种类无性繁殖能力很快，常具有入侵性。可置于木框内，控制其在水面的位置和形状	凤眼莲（60~100）、大薸（小于100）、菱（30~200）、槐叶萍（50~100）、水鳖（0~50，浅水时根可扎入土壤）
沉水植物	植株潜于水面下。可以起到净化水体的作用，但若没有特殊要求一般不必栽植	金鱼藻、狐尾藻、苦草、轮叶黑藻、轮藻、伊乐藻、竹叶眼子菜、微齿眼子菜、菹草

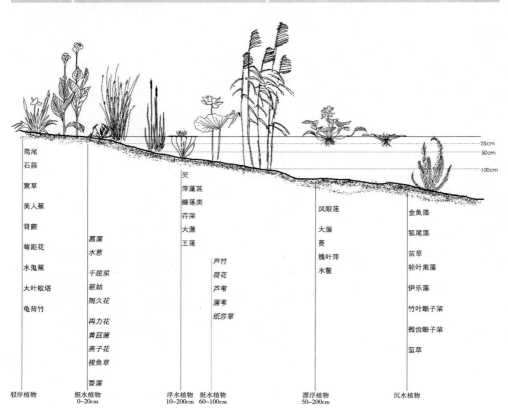

图 12-5　水生植物生态示意图

第11章 庭院的构图设计

第12章 庭院的硬质景观设计

第13章 庭院的植物景观设计

第14章 庭院的装饰景观设计

第15章 庭院的深化设计

第16章 庭院设计的时间力量

12.2 道路系统设计

道路系统分为用于行走、通行的"道路"，以及用于停留、活动的"停留区域"（图12-6）。"道路"局部扩大后即形成"停留区域"，二者并没有一个明确的界限。如果希望"道路"和"停留区域"之间的界限变得明显，则可以使用不一样的宽度、形状和地面铺装。

我们已经通过动线和分区分析对庭院的道路系统进行了规划。接下来要具体设计道路的形式，以满足不同动线功能同时，也使之具有美感。

图 12-6 庭院道路系统示意

12.2.1 确定道路的宽度

道路的宽度（图12-7）会影响人们的心理活动和移动速率。道路越窄，人们行走会更加谨慎，放慢速度；道路越宽，行走起来越畅通无阻，速度越快。所以主路的宽度一般较宽，支路一般较窄，宽度使主路和支路的从属关系更加明显。

如果庭院面积大，道路很长，需要在途中设立停留的区域。可让道路局部放大，形成一个"停留区域"，用于摆放桌椅，供人歇脚休息。

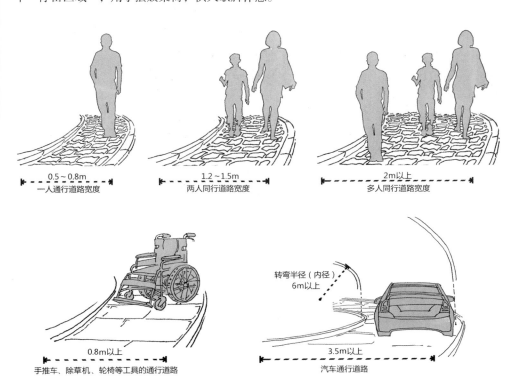

0.5～0.8m
一人通行道路宽度

1.2～1.5m
两人同行道路宽度

2m以上
多人同行道路宽度

0.8m以上
手推车、除草机、轮椅等工具的通行道路

转弯半径（内径）
6m以上

3.5m以上
汽车通行道路

图 12-7 道路宽度设计

12.2.2 确定道路系统的形状

"道路"在方向和大致路径确定的情况下，可设计成直线形或曲线形。可以结合第 11 章提及的构图设计，来决定道路的形态。直线道路硬朗、简洁，适用于规则和现代风格庭院；曲线道路婉转、柔和，适用于乡村、日式及自然风格庭院（图 12-8）。

除线条外，道路的连续性还将决定游人的步速。连续的道路则能帮助人快速通行，适用于主要道路。断续的道路如汀步、石阶，则能减缓人的步速，适于观景。

对于停留区域来说，在位置、功能、面积确定的情况下，可设计成各种各样的形状，如矩形、圆形、六边形或因地制宜的不规则形状等。

图 12-8 直线、曲线道路的视觉感受差异

12.2.3 道路系统的铺装

主路以通行为主，铺装应平整、耐压、透水，通常使用透水砖铺装。如需通行轮椅，则在设计主要动线道路时，要避免设置障碍。支路可以采用更多元的铺装形式以丰富景观效果，比如踏步石、砾石、卵石等，也可以直接用草坪（图 12-9）。

台阶、坡地的铺装要满足安全性，铺装面要平整并提供足够的摩擦力。如果选择石板，一定要选择石板平整、粗糙的一面。此外还可用粗糙牢固的枕木、砖块作为铺装材料。

停留区域铺装的要求与主路相同。对于其中可供使用者躺坐的区域，要尽量使用亲肤的材质，如木材或草地，而避免使用在夏天会发烫的石材和金属。运动区或儿童活动的场地，则可以考虑柔软、安全的材质进行地面铺装，如草地、细沙、橡胶、泡沫垫等。

小贴士

庭院中使用砾石铺装有诸多好处，一是砾石铺装景观自然，可良好抑制杂草滋生，适用于各种自然式庭院；二是砾石铺装渗水性好，能避免庭院积水；三是在建筑入口使用砾石铺装时，有人来访时踩在上方时能发出声响，具有警示、提醒的功能。

图 12-9　旱汀步（A、B）与汀步（C）

第11章　庭院的构图设计

第12章　庭院的硬质景观设计

第13章　庭院的植物景观设计

第14章　庭院的装饰景观设计

第15章　庭院的深化设计

第16章　庭院设计的时间力量

12.3 构筑物设计

构筑物能提供休憩空间、分割庭院空间、增加庭院景观。一般营建在地势平坦或抬高的地方，以利排水。庭院中的构筑物可以分为以下 6 类。

1. 墙体

墙体可以用来分割空间、遮挡视线、增加庭院的私隐性，冬季为植物挡风以营造良好的小气候环境。庭院中墙体的高度需要与庭院、建筑体量相匹配。庭院面积较大，则墙体可以高一些，可以在围墙上设置镂窗、月门等孔洞，削弱墙体的闭塞感的同时提供一个营造框景的机会。在具有高差的地形上，为了防止土壤滑坡和流失，通常会修建挡土墙。石块砌成的挡土墙，可以在较宽的缝隙间填土，并种植岩生植物（图 12-10）。

图 12-10 庭院中的墙体和挡土墙

2. 凉亭

凉亭作为一个相对独立的建筑空间，常成为庭院的核心景观（图 12-11）。凉亭通常设计在距建筑稍远位置，因为离建筑过近，其休憩功能不能最大化发挥。如果庭院面积较小，或是凉亭不得已离建筑距离较近时，建议凉亭和主体建筑在外形风格上尽量统一。

小贴士

由于凉亭通常是四面无遮挡的建筑，所以夏天在其中休憩时，可能会受到蚊虫的侵扰。挂设蚊帐可以隔离蚊虫，但又影响景观。因此凉亭的周边最好栽植一些驱虫的香草植物，并保持场地的通风，这样不易滋生蚊虫。

图 12-11 凉亭

第11章 庭院的构图设计

第12章 庭院的硬质景观设计

第13章 庭院的植物景观设计

第14章 庭院的装饰景观设计

第15章 庭院的深化设计

第16章 庭院设计的时间力量

12.3.3 廊架

廊架具有通行属性，可以作为两个功能区域之间的过渡连接（图 12-12）。廊架也可依附在住宅旁或院墙旁，为停留空间挡雨遮阳。也可以设置在庭院中的道路之上成为道路中的一个停留、休憩的空间，并成为庭院的核心景观。廊架边常种植攀附植物（表 12-3），最好用坚固的木材或金属材料。

图 12-12　廊架

表 12-3　可用于攀爬构筑物的藤本植物

北方地区	紫藤、凌霄、扶芳藤、胶东卫矛、南蛇藤、猕猴桃、北五味子、三叶木通、五叶木通、地锦、葡萄、啤酒花、木香、金银花、藤本的瓜类等
南方地区	炮仗花、非洲凌霄、洋常春藤、板凳果、长春油麻藤、地不容、三角梅、纹瓣悬铃花、鸡血藤、南五味子、使君子 （上述北方地区可用的藤本植物亦可使用）

12.3.4 房屋

庭院面积较大时，可在庭院中建造小的房屋，如木屋、树屋、玻璃房（阳光房）、工具间等（图 12-13）。阳光房依附住宅建设，不仅可以作为室内空间的延伸，还能节约能耗，冬季将植物搬进阳光房后有利于就近管理。木屋和工具间用于休憩和储藏工具、杂物，应根据使用的需求选择建造位置，如建造在菜园旁。

图 12-13　小木屋

12.3.5　种植池、花台

花台、种植池通常在 40~80cm 左右高，一般不遮挡视线，但也可划分庭院空间、引导路线。对于行动或弯腰不便的人士而言，抬高的种植池可方便园艺操作（图 12-14）。种植池有利于土壤的排水，适合栽植不耐积水的植物。

对于那些线条感强烈的现代风格庭院来说，使用高低错落、几何形态的种植池或花台，能增加庭院的现代气息。此外，在台地上将错落有致种植池与层层叠叠的跌水结合，往往还能收获意想不到的效果。

图 12-14　种植池、花台

第11章 庭院的构图设计

第12章 庭院的硬质景观设计

第13章 庭院的植物景观设计

第14章 庭院的装饰景观设计

第15章 庭院的深化设计

第16章 庭院设计的时间力量

12.3.6　桥、亲水平台

桥在庭院中具有连接、沟通作用。面积较小的庭院中，庭院的每寸土地都应该珍惜，所以桥的设计应该兼具功能性和装饰性。如果一个桥不具备功能性，只是个装饰性的道具，那大可不必修建，因为它的景观逻辑是不自洽的。这时可以修建一个宽敞可供人停留的亲水平台替代桥，方便人们探向水面戏水（图12-15）。

图 12-15　桥（上）与亲水平台（下）

第 13 章
庭院的植物景观设计

硬质景观相对固定，而植物给庭院带来各种变化，花开花落中使庭院变得生动。好的庭院植物设计至少应该满足 3 个基本原则：

（1）适地适树：给予所有植物相对适宜生长的环境；

（2）符合生态学原理：形成配置合理的植物群落；

（3）兼具观赏性和功能性：植物的选择要符合庭院主人的审美和功能需求。

如何才能从大量的不同种类的植物中筛选出适合自己庭院的植物？如何将自己挑选的植物配置在一起？如何打造自己理想的景观？这些问题将在本章探讨。

13.1 筛选植物

在植物景观设计前，先要拿出分析图纸，复盘庭院各个空间的环境和所需功能如何，以此筛选出可以使用的植物。适合庭院的植物，需要满足以下 3 个基本条件：

（1）可得性：从网络和书籍中看到的植物，不一定能够购买到；或者虽然有货源，但价格不菲。庭院中选择的植物要具有可获得性，也要符合使用者的收入水平。

（2）适应性：根据前期环境分析和硬质景观的设计结果，确认庭院各个空间的光照、温度、湿度、水分和土壤条件，从而选择能够适应场地环境的植物。

（3）安全性：除了观赏性以外，还要检查植物是否对于使用者而言安全。有毒、有刺的植物不适合栽植在有儿童活动的空间中；带刺的植物，不适合栽植在路两旁；而在庭院的边界种植带刺的植物，如刺柏、花椒、月季等，既起到防卫目的，又增强庭院的安全性。

在筛选植物时，如果想使用一些未在本地种植过的新植物，可以分析该种植物原产地环境条件，如气温、水分、土壤条件等，并对比庭院环境，以判断是否可以种植。

13.2 根据空间氛围和功能选择植物

植物的叶、花、果、枝等观赏特性，能影响场地的氛围。因此需要设计者根据每个空间的理想氛围，去选择对应的植物。如想要营造休闲、放松的空间，则可以多使用羽状叶植物；想要营造精致、充满禅意的空间，则多使用掌状叶植物。

除了空间的氛围外，植物的选择还要考虑空间功能。在谈植物对空间造成的影响时，通常会以"人"为"尺"，将植物的高度对应人身体的不同部位，分为脚踝高植物、膝高植物、腰高植物、胸高植物、眼高植物、身高及身高以上植物 6 大类（图 13-1、表 13-1）。

> **小贴士**
>
> 与其通过书籍来选择植物，不如直接前往当地的花卉市场、苗木市场挑选。花展上苗木公司的提供的最新产品宣传册，也很有参考价值。网购平台能够购买到来自全国各地苗圃中的植物，运输可能降低苗木的品质。利用网络加入当地的花友群，可快速更新市场上出售的新苗木信息，还能同花友们交换或团购喜欢的植物。

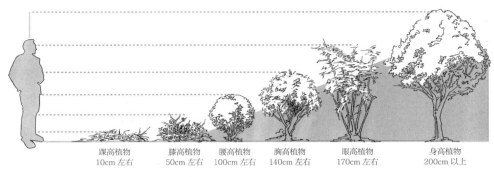

踝高植物　膝高植物　腰高植物　胸高植物　眼高植物　身高植物
10cm 左右　50cm 左右　100cm 左右　140cm 左右　170cm 左右　200cm 以上

图 13-1　植物与人的高度对应关系

表 13-1　不同高度的植物对人视线和通行的影响

类别	高度 (cm)	植物类别	对视线的影响	对通行的影响
脚踝高植物	0~30	匍匐的地被、攀缘地被植物	不遮挡视线	可以在其上方自由通行
膝高植物	30~80	宿根植物、球根植物、低矮灌木	不遮挡视线	抬高脚步可穿行，但栽植过密会令人畏惧
腰高植物	80~120	宿根植物、低矮灌木、高大球根植物	不遮挡视线	穿行极不方便
胸高植物	120~160	高大宿根植物、中型灌木	遮挡中下方视线	不能穿行
眼高植物	160~200	大型灌木、小乔木	遮挡水平视线	不能穿行
身高植物	> 200	乔木、藤本植物	遮挡上方视线	可从树冠下方避开树干通行

　　不同高度的植物，能够提供的空间功能种类及程度也具有差异（表 13-2）。对于庭院来说，植物能够提供的空间功能主要有以下 5 种：

表 13-2　不同高度的植物所能提供的空间功能总结

类别	覆盖地面	引导路线	引导视线	分隔空间	提供荫蔽
踝高植物	★★★	★	—	—	—
膝高植物	—	★★	★	★	—
腰高植物	—	★★★	★★	★	—
胸高植物	—	★★★	★★	★★	—
眼高植物	—	—	★★★	★★★	—
身高植物	—	—	★★★	★★★	★★★

注：　"★"数量越多代表程度越强。

（1）覆盖地面

脚踝高植物可以覆盖地表，代替硬质铺装，提供供人站立、停留、活动的场地，让人能轻易地穿行其中。通常以片植的形式增强存在感，为庭院带来色彩地被。其中耐踩踏的如草坪草（如草地早熟禾、高羊茅等），可以营造供人躺坐、走动、奔跑的草坪；不耐踩踏的如垂盆草、佛甲草、金叶过路黄、百里香、葡萄风信子、香雪球等，可以填充于汀步的缝隙之间，形成富有趣味的景观（图13-2）。

图 13-2　覆盖地面的植物（草地早熟禾和佛甲草）

（2）引导路线

膝高植物会对人的通行造成障碍，需要抬高脚步才能穿行其中；沿途高密度栽植膝高植物可以起到较强的路线引导作用。腰高植物、胸高植物抬高脚步也难以进入其中，具有更强的路线引导作用（图13-3）。膝高或腰高植物中适合修剪成绿篱的植物见表13-3。

图 13-3　引导路线的植物（宿根植物和绿篱）

表 13-3　可以修剪成绿篱（膝高或腰高）的植物

北方地区	常绿植物	大叶黄杨、小叶黄杨、金叶女贞、紫叶小檗、圆柏、侧柏、菲白竹
	落叶植物	锦带花、紫丁香、贴梗海棠、棣棠
南方地区		洒金柏、凤尾柏、铺地龙柏、红叶石楠、红花檵木、檵木、洒金东瀛珊瑚、海桐、假连翘、桂花、栀子、麻叶绣线菊、十大功劳、清香木、马缨丹、锈鳞木樨榄、龟甲冬青、大叶冬青、胡椒木、九里香、南天竹、滇素馨、红背桂、小檗、千层金、水蜡、小蜡

第11章　庭院的构图设计

第12章　庭院的硬质景观设计

第13章　庭院的植物景观设计

第14章　庭院的装饰景观设计

第15章　庭院的深化设计

第16章　庭院设计的时间力量

（3）引导视线

引导视线是指让人的眼睛朝特定的方向看。能够引导视线的植物需要具有一定的高度，否则很容易被人忽视，不同高度的植物引导视线时效果不同。

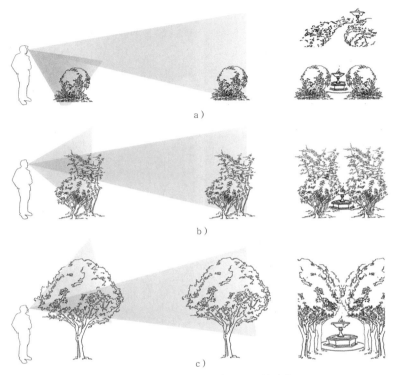

a）

b）

c）

图13-4　腰高、身高植物引导视线功能

膝高植物或腰高植物距离观察者很近时，则需要低头观察。利用膝高植物和腰高植物"近观需要低头，远观可以平视"的特点，把它们由近及远栽植，便能将观者的视线从眼前引导至远方，最终视线停留在远景之上（图13-4a）。

胸高、眼高、身高植物对视线具有干扰和遮挡的作用（图13-4b、图13-4c）。如果将它们沿路栽植，那么观者的视域将会变窄，视线将由两侧向中间聚焦，这时在视野中央出现的任何物体（比如雕塑、水景）都会异常瞩目。

在庭院中，越高的物体越能引起人们的注意。所以对于身高植物来说，尤其是那些色彩鲜明的彩叶植物，可以将它们栽植在长视线的末端，形成对景，吸引视线（图13-5）。

（4）分隔空间

高度在眼睛位置上下的植物，既能限制通行，又能遮挡视线，可用来分隔空间时，增强空间的围合感。树冠茂密的眼高植物可遮挡植物后方的景色，使空间围合、私密；树冠稀疏的眼高植物则会使后方景色若隐若离，形成漏景，激发观者的探索欲。北方最常用作高篱的眼高植物是北海道黄杨、刺柏，南方则是高杆冬青（图13-6、图13-7）。

A B：膝高、腰高、胸高植物　　C：眼高植物　　D：身高植物

图 13-5　引导视线的植物

A B：高篱的强分割空间效果　　C：小乔木与灌木结合的强分割空间效果　　D：胸高、腰高、膝高植物结合的弱分割空间效果

图 13-6　分割空间的植物

树冠稀疏的眼高植物，弱分隔效果

树冠密集的眼高植物，强分隔效果

身高植物的空间分隔效果较弱

身高植物与其他高度的植物结合分隔效果增强

图 13-7　眼高、身高植物分隔空间示意图

（5）提供荫蔽

能够提供荫蔽的只有身高以上的植物，包括乔木植物和攀附构筑物的藤本植物。建筑外墙上如果攀爬有藤本植物，或是建筑旁有高大的乔木遮阴，都能为建筑降温，营造一个舒适的室内空间（图 13-8）。

图 13-8　提供隐蔽的植物

第11章　庭院的构图设计

第12章　庭院的硬质景观设计

第13章　庭院的植物景观设计

第14章　庭院的装饰景观设计

第15章　庭院的深化设计

第16章　庭院设计的时间力量

13.3　植物景观设计的步骤

植物景观设计的步骤和实例如图 13-9、图 13-10 所示。

挑选骨干植物

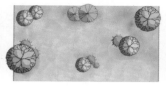
甄选焦点植物

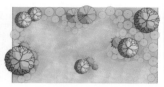
增加填充植物

图 13-9　植物景观设计的步骤

图 13-10　骨架植物、焦点植物、填充植物和背景植物

1. 第一步：制作可用植物清单

经过对植物可得性、高度、习性、观赏性、安全性的考量，我们能够清楚地知道庭院中一个空间筛选植物的标准。根据这些标准，把可用的植物种类列成一个"植物清单"，如表 13-4 所示。

表 13-4　植物清单的示例

XX 房屋北侧庭院休憩区可用植物清单
筛选标准和要求：
（1）可得性：需能够在当地苗木市场中买到，价格经济，性价比高
（2）适应性：休憩区在建筑北侧，为少日照环境，需要植物能够耐荫或耐半荫。区域北侧无建筑遮挡，需要植物具备较好的耐寒性。同时风较大，空气湿度低，避免选择喜湿植物。土壤条件经过改良，肥力充足，排水透气性好，呈弱碱性
（3）安全性：使用的植物需无刺
（4）观赏性：想要利用植物营造适合放松、静思的环境氛围，可以结合多使用羽状叶植物，少量使用掌状叶和圆形叶片植物。色彩上选择花色为蓝紫色系的植物

XX 房屋北侧庭院休憩区可用植物清单

（5）功能性：需要能够作高篱的眼高植物（160cm 左右）分隔空间，以保证私密性；需要一株能够作庭荫树的身高植物提供遮阴（300cm 以上）；需要一些踝高植物（10cm 左右）栽植于铺装的缝隙，并提供宽阔的场地。其余增加景观的植物以踝高至膝高的植物为好，形成舒朗有致的空间

种类	可得性	高度 /cm	习性	观赏性	安全性
合欢	苗木市场	300	耐半荫、耐寒	羽状叶	+++
茶条槭	苗木市场	150	耐半荫、耐寒	掌状叶	+++
北海道黄杨	苗木市场	160	耐半荫、耐寒	圆形叶	+++
垂盆草	苗木市场	10	耐半荫、耐寒	肉质叶片	+++
荚果蕨	苗木市场	40	耐荫、耐寒	羽状叶	+++
绣球花'无尽夏'	苗木市场	50	耐半荫、耐寒	大花植物	+++
……	……	……	……	……	……

2. 第二步：挑选骨架植物

骨架植物一般选择乔木和高大灌木，它能够决定庭院空间的界限、高度和宽敞程度，宛如建筑的梁和柱，因此须最先考虑。而常绿乔木生长缓慢，四季常青，适合作为骨架植物。北方庭院更宜选择观花或食果的落叶乔木做骨架植物。庭院中栽植乔木植物时不宜过多，对于 100m² 左右的庭院，可以栽植 1~2 株乔木作为骨干植物，此后庭院面积每增加 100m²，就再增加 1 株比较合宜。虽然乔木可以作为骨干，但乔不宜栽植于庭院的正中央，不利于庭院空间的利用。所以应该将乔木栽植在靠近边角的位置。

不只庭院整体具有骨架植物，对于庭院中的任何一个局部，比如说草坪上的花境，或是入户处的种植池，或是某一个活动的空间，都应该具有骨架植物。骨架植物一般是具有较强结构感的植物，对于花境和种植池来说可能是灌木或竖线条植物，对于活动空间来说可能是小乔木或灌木。也就是说，庭院中会有大的骨架植物，也会有小的骨架植物，它们共同形成了植物景观的构架。

3. 第三步：甄选焦点植物

庭院中不同区域都有各自的焦点植物，通常会使用花色或叶色突出的乔木、灌木和球宿根植物，栽植在庭院中的视线焦点处。同时，焦点植物也是构图时的关键元素，应布置在画面中的关键位置（图 11-3）。

焦点植物需要具有极佳的观赏特性，比如：

（1）花量大，开花时繁花满树，结果时硕果累累等，如四照花、杜鹃花等；

（2）花朵硕大，非常抓人眼球的植物，比如绣球花、大花葱、独尾草等；

（3）常年异色叶，如日本红枫、紫叶黄栌、金叶接骨木；

（4）叶片硕大或奇特，如棕榈、芭蕉、美人蕉、观赏芋；

（5）莲座状肉质植物，如龙舌兰、凤尾兰等。

4. 第四步：增加填充植物

填充植物的特点不突出，但却枝叶茂盛，能够提供充盈的体量，为焦点植物提供背景，比如各种小花的宿根植物、灌木植物等。

在选择填充植物时，可以根据色系进行选择，铺陈庭院的底色形成不同的空间氛围。需要衬托焦点植物时，则可以选择与焦点植物花色互补的填充植物（详见第 15.2.3 章节内容）。

第11章 庭院的构图设计

第12章 庭院的硬质景观设计

第13章 庭院的植物景观设计

第14章 庭院的装饰景观设计

第15章 庭院的深化设计

第16章 庭院设计的时间力量

第 14 章
庭院的装饰景观设计

装饰景观的设计包括地表覆盖物、容器和盆栽、栅栏和花栅、花门、桌椅以及工艺品等内容。各类装饰是杂货主题花园的主角，能够赋予花园烟火气。但同时，装饰景观也增加了庭院的人工痕迹。所以除非要打造杂货花园，则应该控制用量，点到为止即可。

14.1　地表覆盖物

无机覆盖物具有良好的透水性，景观较好，但保温保湿效果差，对土壤微生物无益。常见的如粗砂、砾石、鹅卵石、陶粒等。未经灭活处理的河沙常含杂草种子，反而会增加庭院杂草的数量，建议谨慎使用。

生物覆盖物能够对土壤保温保湿，有利于形成适合微生物活动的土壤微环境，从而促进土壤团粒化，防止土壤板结，长期覆盖能形成疏松、肥沃的土壤，对植物生长大有裨益。常用的有落叶、树皮、松鳞、核桃壳、碎秸秆等。发酵后的生物覆盖物可直接使用，未发酵的生物覆盖物作为覆盖物无碍，但不小心拌入土壤常因腐熟而发热，容易烧根。

小贴士

覆盖物可有效抑制杂草生长，是"懒人花园"的必备"神器"。为使覆盖物充分发挥作用，覆盖厚度需在 3~5cm 左右。栽种好植物后，将覆盖物填充于空隙或树池之中（图 14-1）。

图 14-1　地表覆盖物抑制杂草

14.2　容器、盆栽

庭院中常见的容器有陶罐、瓦罐、瓷盆、泥盆、水泥盆、塑料盆、铁盆等。也可以发挥创意，将各种杂物改造成容器，如厨房中的锅碗瓢盆、废弃家具、破碎花盆、鸟笼、橡胶轮胎等（图 14-2）。

图 14-2　轮胎和石磨改造的盆器

盆栽能丰富庭院的细节，增加庭院色彩和季相变化。盆栽植物应选择花量繁密、花型壮观、花色艳丽的种类，常用一二年生植物、球根植物等（表 14-1）。因为盆栽具有可移动性，在冬季可以转移至室内或暖棚中过冬，可栽植不耐寒、有异域风情的植物，扩充庭院物种多样性的同时，还能帮助庭院形成更独特的风格。

小贴士

精心配搭的植物组合盆栽，也可以成为庭院的焦点景观。组合盆栽时，也需要根据骨架植物、焦点植物、填充植物三个层次来进行组合，且最好是将习性相似（主要是光照需求和水分需求）的植物栽植在一起（图 14-3）。

图 14-3　组合盆栽

第11章　庭院的构图设计

第12章　庭院的硬质景观设计

第13章　庭院的植物景观设计

第14章　庭院的装饰景观设计

第15章　庭院的深化设计

第16章　庭院设计的时间力量

表 14-1　常用于庭院的盆栽植物

一二年生植物 （或多年生作一二年生栽培）	矮牵牛、舞春花、长春花、香雪球、香彩雀、霞草、金鱼草、雏菊、翠菊、毛地黄、瓜叶菊、彩叶草、紫罗兰、美女樱、三色堇、半枝莲等
多年生植物	球根秋海棠类、天竺葵类、多肉类、木茼蒿、菊花、仙客来、风信子、郁金香、铁线莲、吊钟花、造型黄杨等
热带树木	澳洲鸭脚木、龙血树、香龙血树、朱蕉、剑麻、芭蕉、旅人蕉、鹤望兰、散尾葵、棕竹、棕榈、龙舌兰等

原产地中海气候区的球根植物，如风信子、番红花等，夏季不耐酷暑水涝，冬季不耐低温，比较适合盆栽（图 14-4）。一般情况下球根植物的栽植深度为种球高度（测量方法是种球的底部到肩部）的 1~2 倍，如唐菖蒲、百合、美人蕉、大丽花、马蹄莲等。也有一些特殊情况，比如将球根的 1/3 露出土面的如仙客来等；覆土到球根顶部的如晚香玉、球根秋海棠、葱兰等（图 14-5）。

图 14-4　风信子盆栽

小贴士

地栽球根植物时，黏重土壤栽植深度应略浅，疏松土壤可略深。为繁殖而多子球，或每年掘起来采收的，栽植宜较浅。如需开花多且大的，或准备多年后采收的，栽植可略深。此外，秋栽球根时可略深，以使安全越冬。

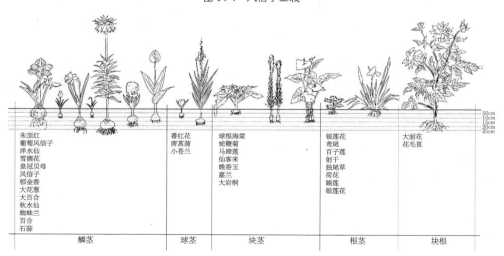

图 14-5　球根植物的栽植深度

14.3 栅栏、栅门

　　庭院中不希望遮挡视线的区域，可用低矮栅栏围合，并使用栅门作为庭院的出入口（图14-6）。在栅栏上可以栽植一些植物，尤其是藤本植物，或是悬挂盆栽。此外，还可以在墙上布置花栅格，为藤本植物提供攀爬的空间，形成花墙。

图 14-6　异型栅栏门

14.4 花门

　　庭院的通行道路上，可以布置花门。通常花门使用木材或铁艺制成，但也可以使用藤编等形式。花门可以起到分隔、过渡和提示空间的作用，还会提供框景的构架（图14-7）。但想要花门形成良好的景观，需要3年以上。适合用于花栅、花门上的藤本植物见表14-2。

图 14-7　月季花门

表 14-2　适合用于花栅、花门上的藤本植物

北方地区	藤本月季、蔷薇、络石（小气候保护下）、布朗忍冬（小气候保护下）、铁线莲类、羽叶茑萝、旱金莲、牵牛花
南方地区	山荞麦、蔓长春花、山牵牛、飘香藤、蒜香藤、扁竹蓼、红萼苘麻（蔓性风铃花）、球兰类（上述北方地区的多数亦可使用）

14.5 桌椅和布艺

　　桌椅要选择与当地气候相符的材质，比如北方地区风沙大，尽量避免选择布艺或塑料等不耐脏的材质，而选择木质、藤编的材质。但可以在其上方布置一些布艺元素，如抱枕、桌布等（图14-8）。另外，避免选择在夏天会升温的石材或金属做桌椅。还可根据庭院的硬质景观来设计桌椅，比如加宽种植池边缘以供人躺坐。

图 14-8　桌椅与布艺

14.6　摆件

　　有趣的工艺品、装饰品、雕塑、石头摆放在庭院中时，可以使庭院的趣味性增加（图14-9）。甚至可以利用各种废物改造出别具特色的小摆件。庭院中最百搭的摆件，就是各种各样的石头。任何庭院中都可以以石头作为装饰，自然朴素。道路转角、水边、墙隅，都可以摆放石头摆件，比如在山间野外采集的石头，废弃的磨盘、石板等。

图 14-9　DIY 摆件

第11章 庭院的构图设计

第12章 庭院的硬质景观设计

第13章 庭院的植物景观设计

第14章 庭院的装饰景观设计

第15章 庭院的深化设计

第16章 庭院设计的时间力量

第 15 章 庭院的深化设计

尝试想象出心目中理想庭院的样子。如果脑海中已经有了模糊的画面，那本章的内容可以帮助你把画面具体化。但若脑海中还没有画面感，可以尝试去描述理想庭院的氛围，再阅读本章，也会更容易理清设计思路。深化设计，就是在硬质景观、植物景观和装饰景观的基础上，设计兼具故事性、美观性和韵味的庭院。

15.1　寻找线索

贯穿设计始终的思路就是设计线索。好的线索能把庭院中不同的元素串联起来，便于从整体上理解和把握不同空间，使整个庭院看起来具有统一感。

线索又可分为以下类型：主线将贯穿整个庭院，让庭院的不同空间形成一个整体。支线则是贯穿庭院中某个具体的功能区域，让局部空间看起来也具有统一性。好的主线和支线应该是一眼明了的，也就是明线，可以是一种风格、一种形式或是一种形状主题。暗线则隐晦一些，隐藏在各种景观细节中，比如一段故事。

> **小贴士**
>
> 设计时要尽可能地使用符合庭院使用者生活背景的、可以被使用者理解的线索。充分了解庭院使用者的喜好、经历、生活习惯、家庭成员等信息，能够帮助打造具有个性的庭院，也能让使用者更快速地理解和接受设计。

1.风格

庭院设计风格最好与建筑风格统一。常见建筑风格见表 15-1。

表 15-1　各建筑风格特点对比

建筑风格	发源地/流行地	常用色	建筑特色元素	常用材料
中式、新中式	中国	朱红色、青色、白色、灰色、黑色	木雕、石雕、白粉墙、青砖墙	木材、石材、青砖、瓦片
美式乡村	美国中部乡村	白色、木色等大地色	坡屋顶、老虎窗、木结构	木材
地中海托斯卡纳	意大利南部乡村	土黄色、咖啡色、赭石色、象牙白	拱券、百叶窗、陶瓦	木材、石材、陶土、陶瓦
地中海圣托里尼	希腊圣托里尼岛	白色、米白色、蓝色	拱券、洞穴房	石材、彩色涂料
英式	英国	以砖红色、咖啡色、深灰色为主，灰蓝色、灰绿色为辅	坡屋顶、陡峭的山墙、高而狭长的窗户、高烟囱	混凝土、红砖、铁艺、玻璃
现代	\	白色、灰色、黑色、咖啡色	透明落地窗、简洁的形态	木材、石材、玻璃、金属
粗野主义	欧洲、日本	灰色	裸露的混凝土外观、暴露不加修饰的结构和设施	清水混凝土、玻璃、金属、管道等具有工业气息的元素

建筑如果有明显的地域特色，那么庭院可以相应地模拟当地的景观或自然风光。比如住宅建筑是美式乡村风格，那么庭院中可以使用矮墙、木围栏、旱溪等美式乡村常见的元素，植物上可以选择原产北美大草原的宿根花卉如黑心菊、松果菊、天人菊等。

有时建筑风格发源地的气候，与中国气候环境存在很大差异，便不能直接照搬当地植物种类，但可以寻找相似植物代替。比如北京的一些别墅区住宅设计为地中海风格，地中海地区常出现的薰衣草在北京栽植难度大，可以用同为唇形科的林荫鼠尾草来替代，或是用色彩和群体效果接近的柳叶马鞭草替代。

2. 形式

庭院设计的形式可以分为三大类：规整式（图 15-1）、自然式（图 15-2）和抽象式，其特点、元素、分类见表 15-2。为了让庭院能够与周边环境和气氛相协调，位于都市中的庭院（如屋顶花园）通常选择抽象或规整式庭院；郊区的庭院可以选择规整式或自然式庭院；而位于乡村、山野中的庭院则最好选择自然式庭院。

表 15-2　规整式、自然式和抽象式庭院的对比

形式	规整式	自然式	抽象式（自由式）
特点	大量的几何图形，工整的线条感，强调人为装饰美	模拟自然，比如山川、湖泊、疏林、草甸等	无拘无束地自由表达，具有强烈的现代气息
元素	几何形状、工整的线条，以及明确清晰的边界	不规则的自然曲线，以及模糊暧昧的边界	元素多样，不再拘泥于某一类特定的元素和形式
分类	（1）对称规整式：具有明显的对称轴 （2）不对称规整式：不具有明显的对称轴	（1）写景式：将自然景色原封不动截取下来 （2）象征式：用其他材料象征自然，比如用铺沙表现水流的枯山水 （3）缩景式：将自然景色缩小表达，比如假山叠石	没有特定的分类，更注重精神内涵的凝练与抽提
适用风格	法式风格、意式台地园风格、伊斯兰风格、摩洛哥风格	中国古典园林、日式风格、英国自然式风格、美式乡村风格、地中海托斯卡纳风格	现代风格、新中式风格、北欧风格、粗野主义风格

图 15-1　对称规整式庭院

图 15-2　自然式（缩景式）庭院

3. 形状

有时特定形状也可以作为设计线索（表 15-3）。在空间中大量使用近似形状，可以让空间更具有整体感。不同的形状有不同的视线聚焦点。几何图形的聚焦点在于它的顶点和中心点附近（包括黄金分割点 0.618 的位置）。自然图形的聚焦位置则在曲线的突出处和内凹处。在视线聚焦点附近的空间将会是庭院设计的重点。

表 15-3　几何形状和自然形状的对比

形状类型	几何形状		自然形状
	直线形状	曲线形状	
代表形状	三角形、矩形、六边形等多边形	弧线、螺旋线、圆形、半圆形、椭圆形、扇形、自然元素抽象过后的形状	梯田样等高线、河流边界，以及石头、云朵、水纹、动植物等自然元素的形态
视觉感受	硬朗、理性、直接、明晰	流畅、圆润	松弛、浪漫、自由、自然
适用范围	规整式、抽象式	规整式、抽象式	自然式

> 除了上述提到的形状以外，还可以将记忆中印象深刻的场景、画面、元素进行抽象。比如为喜欢米老鼠的孩童设计时，可以把"米老鼠"的卡通形象进行抽象；在设计新中式庭院时，对古典园林中最具代表性的月门、假山等元素进行抽象等。抽象后的形状讲究"似是而非"，把握好其中的度非常重要。

可以在同一种形状的基础上，使用放大、缩小、分割、旋转、变形、组合等技巧，来增加节奏变化，形成不同的形状主题，见表15-4。在设计存在高差的景观元素时（如台地、种植池、绿篱），无论使用何种形状，都应尽量避免锐角的出现。因为使用锐角不仅在实际施工时具有一定难度，有时锐利的尖角还可能成为安全隐患。

表 15-4　不同形状主题的庭院设计

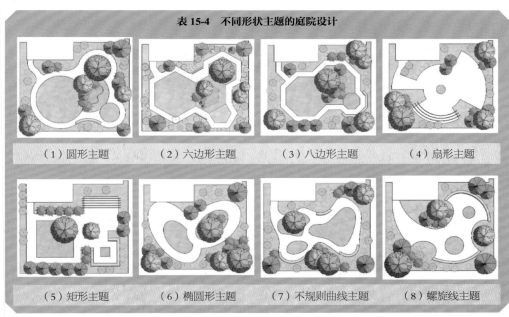

（1）圆形主题　（2）六边形主题　（3）八边形主题　（4）扇形主题

（5）矩形主题　（6）椭圆形主题　（7）不规则曲线主题　（8）螺旋线主题

4. 故事

一段动人的故事，也能成为庭院的设计线索，且更多时候作为一条"暗线"贯穿庭院设计始终。将故事具象到庭院中时，都需要把其中裹挟的情感寄托在特定的外物之上，比如体现在对庭院中景点的命名点题上，或寄托在某一件具有纪念意义的物件上。

归有光在《项脊轩志》中最后一句写道："庭有枇杷树，吾妻死之年所手植也，今已亭亭如盖矣。"表面上不动声色，读起来云淡风轻，但字里行间却涌出疯狂滋长的思念。这就是故事赋予庭院的力量。尝试把故事写在庭院里，写在一草一木之中，这会让庭院能传达出情感和温度。故事线让庭院具有了独一无二的灵魂。

15.2 雕琢细节

庭院除整体需要有线索贯穿形成统一感，还需要在局部上具有丰富的细节。庭院细节的雕琢，就是调整各种元素的体量感、质感、颜色、动感，让看似无关的元素之间产生联系。

元素之间的联系可分为两大类：协调性和对比性。为了形成具有美感、和谐的画面，需要将"协调"和"对比"结合——"协调"使庭院统一；而"对比"带来差异感，打破沉闷，让庭院变得有趣。

15.2.1 推敲体量感

物体对其所在的空间产生的影响，即为其体量感。在其周围空间有限的情况下，物体体积越大，周围空间就越显得狭小；物体数量多而散，空间就变得破碎；物体的形状决定了周围剩余空间的形状；物体重心位置、形状势能的方向，也会对剩余空间的重心位置和势能的方向产生影响。

1.体量

体量是指物体的规模大小。景观元素的体量应该与庭院的面积相匹配，此为协调。一个物体如果超过庭院的控制范围，就无法被庭院消化。比如水景、桥、凉亭等硬质景观元素应考虑相应的庭院的面积确定大小。面积不大的庭院（小于 $100m^2$），可用树冠开张的灌木来代替乔木的功能，用低矮的草本植物来代替灌木的功能。

减小主景观周围元素的体积，可以反衬主景观的体积之大，使之成为焦点，此为对比。如为了烘托庭院中的廊架、凉亭、雕塑、树木、雕塑的体量感，可以降低周围植物的高度。小水池周围选择株型低矮、叶片细小的植物（如蕨类、萱草等），也会使得水池看起来更大（图15-3）。

大体量的植物映衬湖泊，
使得湖泊看起来狭小

小体量的植物映衬湖泊，
使得湖泊看起来宽阔

周围景物过高，无法突出核心景物

降低周围景物高度，突出核心景物

图15-3　体积的对比

2. 数量

庭院中的植物、石头、装饰物等元素，都可以通过调整数量比例，形成不同的视觉效果。数量相等或近似的两组元素，会带来协调感；数量悬殊的两组元素，则带来对比感。通常来说，数量多的组团是主景，数量少的组团式配景。

自然式庭院中，植物的数量通常选择奇数，且各元素组成若干个不等边三角形的排列关系，容易形成不对称的自然感（表 15-5）。

表 15-5　不同数量植物的栽植平面示意图

元素数量	协调		对比
	数量相等（均衡对称）	数量近似（不对称）	数量悬殊（不对称）
2			\
3			\
4			\
5			
6			
7			
8			
9			

3. 形状

庭院的局部细节中，使用少量形状不一样的元素形成对比，增加景观的变化。比如在植物中，当周边的植物树形都呈圆形或卵形时，在其中穿插几株尖塔形的植物，就能够增加林缘线的变化（图15-4）。

4. 方向

不规则、非中心对称的几何图形，常常呈现出一种方向性。因为这些元素的形状在不同角上的张力不一致，仿佛有一些看不到的力正在朝一个或几个方向拉扯，使得元素

图 15-4　尖塔形树冠增加了林缘线的变化

具有方向性，形成一种"势场"，进而对它周围的空间造成影响（表15-6）。在设计中，自然元素（比如树冠、石头等）的形状也可以简化为某种图形，从而找到它的方向性。

表 15-6　非中心对称几何图形的方向性

基础图形	衍生图形及其带来的方向性		

庭院中，更多的是追求方向上的协调，形成整体景观的协调。所谓方向的协调，就是要避免元素之间的势场互相冲突和干扰。但也可以故意营造少量的方向对比和冲突，以增加景观的变化和节奏感。比如在设计植物景观时，将水平线条植物与竖线条植物穿插应用，就是利用方向上的对比的例子。

（1）方向一致。 随意散布的石头看起来无序，如果所有石头的方向性都汇于一个点，或是朝向同一个方向，就会更加协调（图15-5）。

图 15-5　石头摆放技巧——方向一致

（2）顺势而为。根据特定元素的走向来安排其他元素，即顺势而为。比如顺着道路、驳岸的走向，摆放石头、植物；在道路或驳岸转弯的地方，找到转弯弧线的圆心，并以此放射状地摆放石头和植物（图 15-6）。在建筑凸角处，道路顺势外凸出去；在建筑的凹角处，道路顺势向内凹回等，都属于顺势而为。

（3）营造均衡。设计一组植物时，以一个点为中心，让植物朝着不同的方向伸出去，以追求画面的平衡（图 15-7）。

（4）互相远离。将方向相互冲突的元素拉开或错开，避免"势场"的针锋相对，各自避开对方对周围空间的影响范围。如图 15-8 所示，左图两棵树栽植过密，势场相互冲突，枝丫挤在一起。为避免这种情况，在设计时要将它们的距离拉开，同时达到画面的平衡。

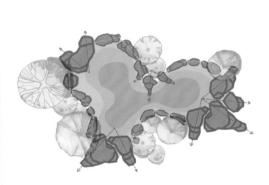

图 15-6　小池塘驳岸石的摆放技巧——顺势而为

图 15-7　植物组团的设计技巧——营造均衡

图 15-8　植物组团的设计技巧——互相远离

15.2.2　质感的考量

质感包括材质和质量两个层面。不同物体因为材质和质量不同，带来的审美感受也不同。

1. 材质

材质可分为天然材质与人工材质。天然质感包括水、植物、石材、木材，以及用泥土制成的陶罐、瓦片、砖块等元素。人工材质包括玻璃、塑料、金属、水泥、涂料等工业材料，需要经过复杂的加工制作过程。

质感相似的材料配置在一起，容易形成协调的画面。在天然材质中使用少量的工业材质，或是反过来，都会在视觉上形成对比，让空间变得有趣起来。尤其在抽象式庭院中，不再拘泥材料形式，而是让材料服务于思想和概念（也就是设计线索）的表达（图15-9）。

图15-9　材质的协调（左：石材和竹）和对比（右：植物和耐候钢）

2. 质量

物体的体积、材质和色泽，都会影响质量感。体积小、密度轻、色彩淡的元素具有轻盈的特质，如雾、水流、布料、碎石、竹编、草本植物、纤细的树枝等；体积大、密度重、色彩深的元素具有厚重的特质，如石材、雕塑、金属、砖墙、粗实的树干等。

轻盈的元素组合在一起，可以形成有虚幻感的"不真实"空间，让人觉得浪漫、轻松、自然、随意。厚重的元素组合在一起，能形成具象感的空间，让人觉得正式、气派、肃穆、现代。

将轻盈的元素和厚重元素组合在一起，就可以形成"虚实结合"的效果。比如叶片稀松轻盈的植物与具象的建筑结合，能柔化建筑僵硬的轮廓和棱角、增加景观层次；低矮、迷你的地被植物可以模糊硬质铺装边界，得到非常自然的效果（图15-10）。

图15-10　虚实结合（左：雾气和绿篱球；右：观赏草和石材）

15.2.3　颜色的斟酌

不同的颜色能使人产生不同的心理活动，从而引发各种各样的遐想与情感（表15-7）。颜色包括三个基本属性，即色相、饱和度和明度。

表 15-7　色彩与情感

颜色		传达的情感
有彩色	红色	热情、兴奋、活力，有时则是警告、禁止与焦虑
	黄色	明亮、光辉、激情、快乐
	绿色	自然、放松、悠闲、新鲜
	蓝色	宁静、清爽、悲伤、平和
	紫色	高贵、神秘、优雅、忧郁
无彩色	黑色	精致、现代、冷静、厚重
	白色	纯洁、冷淡、天真、干净
	灰色	暧昧、朴素、模糊、不明朗

1. 色相

　　从色相出发，春季植物可多用暖色（即红色、黄色、橙色），烘托出万物复苏的气氛；夏季植物多用冷色（即紫色、蓝色、绿色），营造一个比较清凉的空间；秋季用大量暖色系的秋色叶和观果植物，渲染秋光灿烂；冬季庭院裸露的装饰物应多用暖色，让人觉得温暖（图15-11、图15-12）。

A：黄橙色系搭配；B：蓝紫色系搭配；C：红粉白色系搭配；D：红色系搭配

图 15-11　具有协调感的色彩搭配

A：以黄色为主，蓝灰色为辅　　　　B：以白绿色为主，红色为辅
C：以绿色为主，红色为辅　　　　　D：以紫色和黄色为主，红色为辅

图 15-12　具有对比感的色彩搭配

　　图 15-3 的色环中，每一格的角度为 10°。对于任意颜色，搭配的颜色距离越近，越容易形成协调的画面；距离越远，对比的冲突感越强。为了削弱冲突，使用对比色或互补色时通常以一种颜色为主，另一种颜色为辅，比如 1∶3 或 1∶4 的关系，可增加画面的跳跃感。

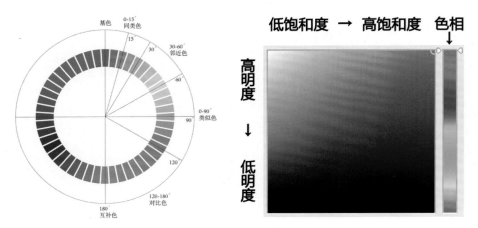

图 15-13　色相环以及色相、明度、饱和度的关系

2. 饱和度

饱和度高的颜色，看起来鲜艳、清晰，给人感觉浓墨重彩；饱和度低的颜色，看起来泛白、暧昧，给人感觉轻盈。饱和度为 0 时，色彩表现为白色。

单纯考虑色相时，暖色让人感觉温度高，冷色让人感觉凉爽。但色相相同时，高饱和度的色彩更热，低饱和度色彩更凉爽。如图 15-14 所示，同一行颜色中，右边的色彩"热"，左边的色彩"凉"。所以想要打造清凉的色彩组合，除了要使用冷色系的颜色，还需要使用低饱和度的颜色。

饱和度的选择还要考虑庭院气候环境的影响（表15-8）。

表 15-8　庭院气候环境对色彩饱和度选择的影响

庭院气候环境	光照特点	适合色彩饱和度
当地阴天较多，以及庭院少光的位置，如树荫下、建筑北侧	多为散射光，物体表面的光影对比涣散柔和	在阴天里，人更容易注意到色彩的微弱变化。此时，白色、粉色、浅蓝色、浅黄色等低饱和度颜色，与阴天形成素雅清淡的和谐氛围
当地晴天较多，以及庭院中阳光充足的位置	多为直射光，会在物体表面制造出强烈的光影对比	低饱和度的颜色都被强光照射而泛白，诸如鲜红色、品红色、柠檬黄色、宝蓝色、紫罗兰色等高饱和度的鲜艳色彩，才能表现出变化

3. 明度

明度指色彩的亮度。在色相和饱和度相同的情况下，明度不同可以给景观元素带来轻重感的变化。高明度颜色显得明亮轻盈，低明度显得黯淡稳重。搭配色彩时，可以根据庭院的设计的要求，选择相应明度的色彩，以表达对应气氛（图 15-15）。

明度高的背景前，明度低的元素能被强调出来，反之亦同理。而在少光的角落，应该使用明度高的材料或植物，以增加环境的亮度。高明度颜色（如白色）从视觉上是向前的，低明度颜色（如深灰色）视觉上是向后的。庭院面积小时，墙面使用低明度颜色，可以增强空间的景深。

庭院中的常用配色见表 15-9。

图 15-14　花朵色彩的饱和度

图 15-15　同色相不同明度色彩的差异

153

表 15-9　庭院中的常用配色

◀ 近似色配色：

使用同种色相、不同明度或饱和度的颜色搭配，如深蓝色、湖蓝色、浅蓝色、白色，或是深绿色、草绿色、黄绿色、浅绿色

◎ 高明度配色：

使用不同色相、高明度、低饱和度的色彩组合如粉色、浅绿色、浅蓝色等

◀ 低饱和度配色：

使用不同色相、低饱和度、不同明度的色彩组合，如灰色、灰绿色、蓝灰色、灰褐色等（图片由荒野植物园提供）

◎ 对比色配色：

可以是色相对比（如红配绿、黄配紫等）、明度对比（如大面积的低明度颜色中出现少量高明度色彩，反之亦可）以形成节奏感

◎ 将无彩色（白色、灰色、黑色）作为过渡色：

应用在各种配色中。因为它们不具有色彩倾向，所以可以作为所有配色的中和剂

15.2.4　动感的捕捉

1. 动与静

在庭院中添加动态元素可使画面充满生机，包括风、雨、水与小动物等元素（表 15-10）。动态元素带来各种声音，能衬托出环境的幽静（图 15-16）。

表 15-10　庭院动态元素捕捉方法

动态元素	捕捉形态的方法	捕捉声音的方法
风	观赏草、水面	风铃、小叶植物（树叶摩擦）
雨	水面	大叶植物（雨水打在叶片上）
水	水面	营造动水（如跌水、涌泉、溪流等）
小动物	提供食物和水面	

A：利用观赏草、风铃、布料捕捉风的动态　B：营造跌水　C：营造喷泉　D：种植蜜源植物吸引蜜蜂

图 15-16　捕捉庭院的动态元素

2. 光影

太阳移动的光影也是庭院中具有动感的元素，能够进一步增加庭院的动态变化。庭院中会有直射光、反射光、漫射光三种光（图 15-17）。

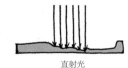

图 15-17　光的角度

直射光（太阳光、人造光源）照射在对象上后能产生明显投影，能表现起伏不平的质地，突出对象的立体形态。在建筑领域中，设计师常在建筑表面营造凹凸不平的结构，以此来捕捉直射光，带来有规律的光影动感。庭院中也可以采用这个技巧，来设计硬质景观。植物亦能捕捉光线，比如夏秋观赏草的花序，毛茛具有光泽感的花瓣，都能够让阳光产生流动而朦胧的效果。

反射光是指光线照到不透明且光滑的表面上时，反射出来的光线。利用反射光最常用的方法是在庭院中设计水面或镜面，可以增大庭院的空间感（图 15-18）。

漫射光是指光线照到不透明的粗糙表面时，产生的方向不定的反射光，庭院中没有阳光直射的地方，是漫射光环境。漫射光环境能够更好地表现色彩的变化，但不能形成光影对比的效果（图 15-19）。

图 15-18　一树三影
（太阳的直射光与水面的反射光）

图 15-19　芦苇花序的光影（漫射光）

15.3　设计节奏

节奏即韵律感。就像音乐一样，一两个音符并不能形成节奏，只有一段旋律才能形成节奏。庭院设计雕琢细节后，应该把视野扩大，观察庭院整体是否形成了节奏感。庭院景观的节奏主要体现在四个方面，即主次、重复、疏密和渐变。节奏感使得庭院产生移步异景的感受。

15.3.1　主次

主景和配景的关系，需要通过对比实现。在体量感、质感、颜色和动感的任一方面使用对比技巧，也可以在多个方面使用对比技巧，都能把核心景物的特质强调出来（图 15-20）。

A：院门和花境通过体量感、质感和色彩的对比，突出院门作为主景观

B：红叶芭蕉在色彩上与其他植物相协调，但通过叶片体量感的对比，被突出了出来

图 15-20　通过对比突出景物的主次关系

15.3.2　重复

　　重复是体现节奏的重要技巧，能让观者加强印象。重复的元素也可以作为一个线索，让庭院景观串联成为一个整体，增强统一性。重复的元素可以是各种各样的，但并不意味着重复是完全一样的复制。可以在重复的元素之间存在一定变化，增强趣味性。在带状花境中，每隔一段距离重复出现的植物，宛如音乐中反复出现的和弦，使花境产生韵律感（图15-21）。

A B：植物单调重复，虽然统一工整，但看起来有些无趣；　C：黄色鸡冠花在花境中重复出现，但配搭植物不同，看起来既统一又有趣味；　D：长方体形态的植物雕塑反复出现，给予了看似无序的空间统一感

图15-21　植物的重复出现带来庭院的韵律感和统一感

15.3.3　疏密

　　为提供一个通风、采光良好的环境，庭院大部分区域应该是舒朗开阔的，需局部增加密度，来形成景观的节奏。通常来说，"密集"意味着更大的信息量，能够呈现更精彩的景观，通常应用在庭院中的主要部分。而疏松的极致，就是留白。留白可以引发观者的遐想。在庭院中有时候就放手不作处理，起到"此时无声胜有声"的震撼感（图15-22）。

A：石头种植池重复多次，使景观具有统一感，但不同组团的疏密差别又增加了景观的节奏感
B：植物组团局部呈多个岛状密集，其余使用大面积草坪留白

图 15-22　疏密的示意图

15.3.4　渐变

渐变是指元素有规律性地进行变化，比如体积从小到大、数量从多到少、空间从疏到密等。庭院中的任何一组元素，都可以形成渐变关系。尤其是那些明显具有线性关系的元素，比如道路上的汀步石面积逐渐缩小；道路两侧的花境植物从矮到高向外排列；沿院墙栽植的植物色彩逐渐过渡改变等（图 15-23）。

图 15-23　用色彩渐变营造出空间的节奏感

第16章
庭院设计的时间力量

时间是庭院的另一位设计师。庭院建成后，时间的痕迹就会慢慢留在庭院之中，日复一日，年复一年，会抹去一些原本刻意的设计痕迹。时刻在意这位"时间设计师"的存在，能让庭院景观不随时间暗淡，反而利用时间的力量使庭院愈加生机勃勃，富有活力。

16.1 年份变化

随着建成年数的增加，主人会和庭院一同成长。主人在这其中不断积累经验，对庭院各个位置的环境气候有了更深刻的理解；而植物也在不断地调整下找到最佳的种植位置，园艺技术不断提高，植物生长愈加茁壮。根据笔者前期对不同类型庭院的调查，庭院随时间推移可归纳为三个阶段：建成1~4年、建成5~8年和建成8年以上（表16-1）。

表16-1 庭院建成后各阶段的变化

	建成 1~4 年	建成 5~8 年	建成 9 年以上
阶段	试错调整期	成长期	成熟期
特点	可塑性大，大量试种植物和调整植物的位置	庭院养护管理问题开始暴露，比如植物树形开始变差，景观表现下降，病虫害频发等	庭院景观已趋近成熟，但也面临树木长大空间愈加拥挤、土壤改良等问题
主人变化	试种大量心仪的植物后，筛选出部分更适合自己庭院环境和生活习惯的植物，并对庭院各个位置的小气候环境有了初步的了解	对于庭院环境有了深入了解，在取舍和栽种植物时不再盲目，植物栽种位置趋于合理。庭院主人的学习重心开始逐渐转移到庭院养护上	开始反思庭院的优势与不足，从而有针对性地去调整
乔木变化	刚移栽，苗木尚小	苗木逐渐长大，有了一定的景观效果，能够良好的开花、结果，充分体现其功能	当年栽植的幼苗在这个时候也变成了枝繁叶茂的大苗，但因为当初没有设计好植物的间距，庭院显得十分拥挤。而此时大树的移除又将变得异常困难，通常只能伐去
灌木变化	刚移栽，苗木尚小，但也有了一定的景观效果		
草本变化	第一年表现良好，从第二年开始一些植物开始泛滥，排挤竞争力弱的植物；一些植物因无法适应庭院环境开始生长衰弱甚至死亡	经过筛选后的草本植物在庭院中表现良好，并稳定发挥景观效果。部分草本植物从一小丛长成了一大丛。已经泛滥的植物难以根除	

多数庭院在设计时，常缺少远近结合的发展观。最常见的是为了建造当下的景观效果，使用过多的大乔木，且植物栽植过密。大量使用大乔木能使庭院空间迅速丰满，但"请神容易送神难"，这些大乔木将在若干年后为庭院带来大麻烦。大乔木仅适合作为庭院景观的骨架去使用，尤其推荐使用慢生树种，它们能更长久地维持稳定的景观骨架。通常来说，**$50m^2$以下的庭院以 1 株大乔木为宜，以后庭院面积每增加 $50m^2$，可以再增加 1 株大乔木。**

小乔木（株高低于 3m）的栽植间距最小 3m，大乔木（株高高于 3m）的栽植间距以 5m以上为宜。体量较大的灌木（株高在 2m 以上）栽植间距要在 2m 以上，体量较小的灌木、绿球，可以距离更靠近一些。草本植物可以栽植得密一些，能够形成比较紧凑的景观效果。

植物种植的间距需要兼顾植物的生长速度，为植物的生长预留空间，从而延长庭院植物景观的最佳观赏期。速生树生长速度快，可以快速形成荫蔽，但在后期可能会生长得过高，与庭院整体氛围不符，如悬铃木、毛泡桐、白蜡、紫叶李等。中生树的生长速度适中，是比较适合庭院使用的树种，多数庭院树种也属于中生树，如元宝枫、鸡爪槭、七叶树等。慢生树的生长速度较慢，因而能够提供相对稳定的植物景观，如银杏、针叶树等。

第11章 庭院的构图设计

第12章 庭院的硬质景观设计

第13章 庭院的植物景观设计

第14章 庭院的装饰景观设计

第15章 庭院的深化设计

第16章 庭院设计的时间力量

16.2 季相变化

季相是指庭院植物景观的季节性面貌。表 16-2 和表 16-3 中是北京地区常见的庭院乔灌木和草本植物的参考花期，在设计时可以根据需求选择相应物种，搭配季相。

表 16-2 北京地区常见乔灌木花期参考表

编号	种名	花期 2月 上	中	下	3月 上	中	下	4月 上	中	下	5月 上	中	下	6月 上	中	下	7月 上	中	下	8月 上	中	下	9月 上	中	下	10月 上	中	下
1	蜡梅	■	■	■	■																							
2	望春玉兰				■	■																						
3	迎春					■	■																					
4	山桃						■	■																				
5	香荚蒾						■	■																				
6	玉兰							■																				
7	日本早樱							■																				
8	麦李							■	■																			
9	贴梗海棠							■	■																			
10	连翘						■	■																				
11	山杏								■																			
12	紫荆								■																			
13	金钟连翘								■																			
14	重瓣粉海棠								■																			
15	重瓣榆叶梅								■	■																		
16	杜梨								■																			
17	香茶藨子							■	■																			
18	白丁香								■																			
19	二乔玉兰								■	■																		
20	紫叶桃								■	■																		
21	金雀儿								■	■																		
22	毛泡桐									■	■																	
23	白梨								■																			
24	蚂蚱腿子								■																			
25	小果海棠								■																			
26	迎红杜鹃								■	■																		
27	白碧桃									■																		
28	紫丁香								■	■																		
29	碧桃								■	■																		
30	紫叶李								■	■																		
31	日本晚樱								■	■																		
32	鸡麻									■																		
33	佛手丁香									■																		
34	紫叶小檗								■	■																		
35	白丁香									■																		
36	棣棠									■	■																	
37	大花溲疏									■	■																	
38	文冠果									■	■																	
39	早锦带花									■	■																	
40	波斯丁香									■	■																	
41	紫藤									■	■																	
42	阿穆尔小檗									■																		

（续）

编号	种名	花期																										
		2月			3月			4月			5月			6月			7月			8月			9月			10月		
		上	中	下	上	中	下	上	中	下	上	中	下	上	中	下	上	中	下	上	中	下	上	中	下	上	中	下
43	多花梅子																											
44	报春刺玫								■	■																		
45	黄刺玫								■	■																		
46	锦带花								■	■																		
47	丝绵木								■	■																		
48	小叶丁香								■	■																		
49	红瑞木								■	■																		
50	流苏树								■	■																		
51	猬实								■	■																		
52	牡丹								■	■																		
53	山楂								■	■																		
54	金银木								■	■																		
55	欧洲七叶树									■																		
56	欧洲琼花									■																		
57	欧洲琼花'雪球'									■																		
58	黄栌										■																	
59	小花溲疏										■																	
60	金链花										■																	
61	红王子锦带花										■	■	■															
62	刺槐											■																
63	红花刺槐											■	■															
64	石榴											■	■	■														
65	海仙花											■	■															
66	华东椴											■	■															
67	现代月季											■	■	■	■	■	■	■	■	■	■	■	■	■	■	■	■	■
68	玫瑰											■	■															
69	太平花												■	■														
70	中华猕猴桃												■	■														
71	黄金树												■	■														
72	暴马丁香												■	■														
73	小叶女贞												■	■														
74	水蜡												■	■														
75	胡颓子												■	■														
76	西洋接骨木												■	■														
77	小紫珠													■	■	■												
78	荆条													■	■	■	■	■										
79	醉鱼草												■	■	■	■	■	■	■	■	■							
80	华北珍珠梅														■													
81	野蔷薇													■														
82	北美风箱果													■	■													
83	美国凌霄														■	■	■	■										
84	栾树															■	■											
85	粉花绣线菊																■	■	■									
86	八仙花																		■	■	■	■						
87	圆锥绣球																		■	■	■							
88	木槿															■	■	■	■	■	■	■						
89	紫薇															■	■	■	■	■	■	■						
90	穗花牡荆																■	■	■	■							

表 16-3　北京地区常见一二年生植物和宿根植物花期参考表

编号	种类	花期																				
		4月			5月			6月			7月			8月			9月			10月		
		上	中	下	上	中	下	上	中	下	上	中	下	上	中	下	上	中	下	上	中	下
1	白头翁		■	■																		
2	楼斗菜			■	■																	
3	西伯利亚鸢尾				■	■																
4	铁筷子				■	■	■															
5	葡萄风信子					■																
6	郁金香					■																
7	银莲花					■	■	■														
8	德国鸢尾					■	■															
9	大花葱					■	■															
10	西洋滨菊					■	■															
11	独尾草					■	■															
12	喜盐鸢尾					■	■															
13	芍药					■	■															
14	金鸡菊					■	■	■	■	■	■											
15	荆芥					■	■	■	■	■	■	■	■	■	■							
16	钓钟柳						■	■														
17	宿根亚麻						■	■	■													
18	除虫菊						■	■	■													
19	花葱						■	■	■													
20	宿根鼠尾草						■	■	■	■												
21	紫色达利菊						■	■	■	■	■											
22	美丽月见草						■	■	■	■	■	■	■	■								
23	中国石竹							■	■	■	■	■										
24	加拿大一枝黄花							■	■	■	■	■	■									
25	海石竹					■	■	■														
26	冰岛罂粟					■	■	■														
27	长果月见草					■	■	■	■													
28	春白菊						■	■														
29	七里黄							■	■													
30	高雪轮							■	■													
31	莱雅菊						■	■														
32	蓝刺头						■	■														
33	柳穿鱼						■	■	■	■												
34	白晶菊							■				■	■									
35	矢车菊						■	■	■													
36	穗花婆婆纳					■	■	■	■													
37	异果菊						■	■	■													
38	虞美人							■	■													
39	中国勿忘我							■	■													
40	瓣蕊唐松草						■	■	■													
41	黑心菊							■	■	■	■	■	■	■	■	■	■	■				
42	宿根天人菊							■	■	■	■	■	■	■	■							
43	五色菊						■	■	■	■	■	■										
44	矾根						■	■	■													
45	落新妇							■	■	■												
46	千屈菜							■	■	■	■	■	■	■	■	■						

（续）

编号	种类	4月上	4月中	4月下	5月上	5月中	5月下	6月上	6月中	6月下	7月上	7月中	7月下	8月上	8月中	8月下	9月上	9月中	9月下	10月上	10月中	10月下
47	山桃草							■	■	■	■	■	■	■	■	■	■	■	■			
48	大花滨菊							■	■	■	■	■	■									
49	百日草							■	■	■	■	■	■	■	■	■	■	■	■			
50	紫松果菊							■	■	■	■	■	■	■	■	■						
51	宿根福禄考							■	■	■	■	■	■	■	■	■	■	■				
52	大丽花							■	■	■	■	■	■	■	■	■	■	■	■	■	■	■
53	美人蕉								■	■	■	■	■	■	■	■	■	■	■	■	■	■
54	藿香								■	■	■	■	■	■	■	■	■					
55	睡莲								■	■	■	■	■	■	■	■						
56	金莲花								■	■	■	■	■									
57	肥皂草							■	■	■	■	■	■	■								
58	抱茎金光菊							■	■	■	■	■	■	■	■							
59	粉萼鼠尾草							■	■	■	■	■	■	■	■							
60	花菱草							■	■	■	■	■	■									
61	美国薄荷							■	■	■	■	■	■	■								
62	细叶美女樱							■	■	■	■	■	■	■	■	■	■					
63	飞燕草							■	■	■	■											
64	一年生飞燕草							■	■	■	■	■										
65	波斯菊								■	■	■	■	■	■	■	■	■	■	■			
66	大阿米芹								■	■	■	■	■	■	■							
67	马洛葵								■	■	■	■	■	■	■	■						
68	萱草									■	■	■	■	■								
69	扁叶刺芹									■	■	■	■	■								
70	加拿大美女樱									■	■	■	■	■	■	■	■	■				
71	大叶囊吾										■	■	■	■	■							
72	桔梗										■	■	■	■	■	■						
73	百里香										■	■	■	■								
74	蛇鞭菊										■	■	■	■	■							
75	千日红										■	■	■	■	■	■	■	■	■	■	■	■
76	败酱											■	■	■	■	■						
77	莳萝											■	■	■	■	■						
78	轮峰菊											■	■	■	■	■	■	■				
79	分药花											■	■	■	■	■						
80	醉蝶花												■	■	■	■	■					
81	翠菊												■	■	■	■						
82	假龙头												■	■	■	■	■					
83	射干												■	■	■							
84	麦冬													■	■	■						
85	玉簪													■	■	■						
86	柳叶马鞭草													■	■	■	■	■				
87	东方蓼														■	■	■	■				
88	串叶松香草														■	■	■					
89	八宝景天															■	■	■				
90	紫菀																■	■	■	■		
91	荷兰菊																■	■	■	■	■	
92	柳叶白菀																			■	■	■
93	菊花																			■	■	■

庭院在不同季节的主角是变化的，在设计时要用动态的眼光去看整个庭院，考虑每个季节、每个月份的季相。其中漫长冬季的景观最容易被忽视，而常绿树是冬季景观的主要来源。常绿树与落叶树应结合使用，比例控制在 1:4～1:8 左右。丰富的季相变化来自于种植多样性物种，庭院在保持整体风格的基础上，应尽可能种植丰富的植物种类（表16-4）。

表16-4　北京地区不同季节庭院景观变化

季节	庭院景观	应对措施
春季（3~5月）	由各种开花的乔灌木构成	
夏季（6~8月）	由各种开花的草本植物构成	
夏末（8月下旬至9月中旬）	正值"秋老虎"时期，天气一如既往的火热。很多宿根植物在此时也因高温，开花表现欠佳。加之很多植物相继枯萎，留下衰败的枝叶，这段时间可谓是庭院景观较差的时间	观赏草（如兔尾草、细茎针茅等）和各种新花卉（如各种石蒜等），能够为庭院增加自然的气氛，与火热夏季相得益彰
仲秋时节（9月下旬至11月上旬）	天气转凉，昼夜温差加大，秋花球根（如石蒜、换锦花、秋水仙等）、菊花、各种紫菀和绚烂的秋色叶和果实成为庭院的主角	
11月下旬后	一年的花事逐渐画上了句号，各类树木都褪去了树叶，留下了秃裸的枝丫	植物的枝干的颜色，如红瑞木、金枝株木、迎春等可为庭院添色；庭院中常绿树，如圆柏、油松、粗榧、大叶黄杨为庭院保持绿色等；此外，植物宿存果实也成为另一色彩来源，如柿子、金银木、天目琼花的果实等

16.3　朝夕变化

植物也有自己的作息。一些植物伴随着太阳的升起和降落，在一天之中发生变化。使用这些植物可以让庭院景观更具有趣味性，它们能够更好地捕捉时间，转瞬即逝的变化也能够与我们产生互动和共鸣（表16-5）。

表16-5　存在朝夕变化的植物

类别	代表植物
花朵朝开夕合（凌晨或清晨开花，中午或傍晚闭合或凋谢）	萱草、睡莲、宿根亚麻、牵牛、木槿、射干
花朵夕开朝合（傍晚开花，凌晨或清晨凋谢）	待宵草、紫茉莉、月光花、黄花菜
叶片昼舒夜合（日间展叶，夜间合叶）	合欢、含羞草
花色随时间变化的植物	木芙蓉'醉芙蓉'（初开白色，而后变粉色，最终变深红色）、金银木（初开白色，而后变黄色）、欧洲荚蒾'雪球'（初开绿色，而后变白色）
晚上散发花香的植物（适合用来打造月光花园）	夜来香、晚香玉、凤尾兰、桂花、玉簪、紫茉莉

庭院案例篇

导言

一个庭院只要能令使用者满意，就是好的庭院。

表面上，庭院是风花雪月，勺水拳山。说到底，庭院终究是一个人内心自然观的外在表达。每个人心中都有一个世界，随着主人视野扩大、阅历增加和思考逐渐变得深邃而愈加完整宏大。而庭院，就是这个心中桃源的浓缩呈现。

别人的庭院再好，技艺再精湛，也不是自己心中所想的那个世界。就算照搬而来，常难以共鸣。

所以庭院设计的终极技巧，往往就是没有技巧，个人心愿的表达是最为重要的。庭院设计的书籍，给出参考案例为的是给不熟悉庭院设计的人以启发。本书所给出的 8 个案例基本涵盖了常见的庭院类型、设计风格、不同的使用人群；并根据具体的案例，详细地说明了重要植物设计的方法和技巧，以供读者参考。

第 17 章
托斯卡纳风格的香草花园
Tuscan Cocktail Garden

本案例是一个托斯卡纳风格的香草花园（图 17-1、图 17-2）。

图 17-1　托斯卡纳风格的香草花园效果图

图 17-2　香草花园庭院平面图

本案例关键设计元素见表 17-1。

表 17-1　托斯卡纳风格花园的关键元素

关键元素	特点
缓坡陶瓦屋顶	托斯卡纳建筑比较低矮，缓坡屋顶采用陶瓦覆盖，以利排水。这种陶瓦也可以应用在庭院景观之中，作为铺装或墙饰
圆弧形拱券	圆弧形的拱券是托斯卡纳风格中常见的几何元素，在门、窗、柱廊中都经常使用。不应使用带尖的拱券
斑驳的石墙和灰泥饰面	作为庭院硬质景观，具有天然感和手工感，让人感到亲切、宜居
百叶窗	百叶窗可以遮挡热烈的阳光，营造凉爽室内环境，又具简朴的装饰感
红陶罐	托斯卡纳地区的土壤呈红色，制作的陶罐也都呈红色，陶红色是其代表色彩之一
藤本植物	藤本植物能够与托斯卡纳建筑具有天然感的墙面有机结合，营造出素朴而细致的生活气息

17.1　托斯卡纳风格

托斯卡纳区于意大利中西部，其建筑以自然、亲和的特质受到了人们的青睐。调研中发现，北京地区近四分之一的高档住宅区建筑外观属于或近似托斯卡纳风格（图 17-3）。

图 17-3　托斯卡纳地区的庭院景观

托斯卡纳地区的村舍建筑在选材上以天然材料为主，比如当地出产的象牙色的白垩石、使用红土制成的陶瓦以及原木等。其外立面上没有过多装饰，强调手工感，墙面多用土和石灰泥涂饰，搭配粗糙斑驳的石块；多使用木质百叶窗；屋顶设计为缓坡，铺以陶瓦；拥有多层次的拱券和柱廊。天然石材搭建的建筑不仅夏季能够营造出凉爽的室内环境，在冬季也能够形成干燥的空间，适用于地中海地区夏季干燥炎热、冬季温暖多雨的气候。

阳光、红土、密林、葡萄园和牧场等元素构成了典型的托斯卡纳乡村景观。其植物以自然式种植为主，常绿挺拔、叶色灰绿的油橄榄（图 17-4）、栽植在陶盆中的草花以及随意攀附的藤本植物，形成托斯卡纳乡村景观的植物印象。很多人会把意式台地园与托斯卡纳风格搞混，但意式台地园中精致华丽的喷泉、跌水在托斯卡纳乡村景观中是不会出现的。天然材料和手造结合，给人以亲切感，且配色大方自然，庭院景观能与自然景观融为一体。

图 17-4　油橄榄林

17.2　香草花园

香草花园是以叶片或花朵有香气、可供食用、药用或制香的植物为主的花园形式（图 17-5）。很多香草也是制作鸡尾酒的材料，因而香草园也被称为"鸡尾酒花园"。多数香草植物喜欢光照充足、干爽、温暖的环境，这有利于香草风味积累，所以香草花园常用砾石作为地面覆盖物。此外地中海气候区是很多著名香草（如薰衣草、迷迭香等）的原产地。

图 17-5　香草花园

小贴士

唇形科盛产香草，其植物的花多为总状或穗状，呈现出竖线条形态。所以大量使用唇形科香草植物可以营造出自然、轻盈的群体效果，与托斯卡纳风格的建筑氛围也相搭配。

17.3　植物选择

香草植物的花期多在春末和夏季，搭配栽植原产于地中海地区的球根植物（如风信子、葡萄风信子、洋水仙等）可增加庭院春季景观。此外，庭院中还需要一些具有托斯卡纳气息的植物，来增加氛围。但许多原产地中海气候区的植物并不适合在中国栽植（尤其是北方），需要寻找可以替换的植物材料。

比如叶片灰绿色的油橄榄，在地中海地区和中国亚热带地区会作为油料作物栽培。但因耐寒性差而不能在中国北方地区使用。桂香柳在气质上与油橄榄相似，叶片也呈灰绿色，并且果实挂果时也与油橄榄有些相似（图 17-6）。其适应力强，耐干旱，花有香味，果实可作果酱。可以说一株桂香柳就能带领北方庭院穿越托斯卡纳。又比如株形峭立的丝柏是托斯卡纳地区常见的柏树种类，而在北方地区，可以使用铅笔柏或圆柏来代替株型峭立的丝柏，如需要柏树清香气味，还可以使用日本香柏。适用于托斯卡纳风格花园的植物见表 17-2。

图 17-6　桂香柳

表 17-2　适用于托斯卡纳风格花园的植物

		中文名	株高（cm）	冠幅（cm）	观赏特征色彩	花期
乔木	1	桂香柳（沙枣）	400~700	400~700	花：花被外银白色，花被内黄色　叶：灰绿	（5）6~7 月
	2	合欢	600~1000	600~1500	花：粉	6~7 月
	3	无花果	300~1000	300~600	花：绿	5~7 月（花果期）
灌木	1	醉鱼草类	100~300	100~200	花：紫、白、粉、紫红、黄、复色等	5~9 月
	2	玫瑰	100~200	100~200	花：玫粉、白等	4~5 月盛花，至 9 月零星开花
	3	木槿	200~400	200~300	花：紫、蓝、白、粉、复色等	7~8（9）月
	4	欧洲雪球	300~360	360~400	花：初开绿色，而后变白	5~6 月
	5	凤尾兰	60~250	60~120	花：白　叶：常绿	6 月、9~10 月二次花
藤本	1	藤本月季	240~600	90~180	花：粉、白、橙、红、紫、蓝紫等	5~10 月
	2	凌霄类	450~750	180~360	花：橙红、橙黄、鲑粉色、粉红色等	6~9 月
	3	葡萄	100~300	100~300	花：黄绿	4~5 月
	4	紫藤	300~800	100~250	花：紫、蓝紫	4~5 月
	5	金银花	100~300	100~300	花：初开白色，而后变黄	4~6 月
香草类植物	1	罗勒	20~80	20~80	花：深紫红	7~9 月
	2	藿香	60~120	45~60	花：粉、紫、淡紫、白等	6~9 月
	3	紫苏	30~200	30~100	花：白、淡紫等	8~12 月
	4	薄荷	10~50	30~100	花：白、淡紫等	7~8 月
	5	百里香	10~40	10~40	花：粉、白、淡紫等	7~8 月
	6	林荫鼠尾草	30~60	30~60	花：蓝紫	5~9 月
	7	牛至	30~90	30~60	花：白、淡紫等	7~9 月
	8	狭叶薰衣草	30~45	30~45	花：深紫、淡紫等	6~7 月
	9	荷兰芹（香芹）	30~120	30~60	花：白	7~9 月
	10	茴香	60~200	45~90	花：黄	5~6 月
	11	莳萝	60~150	60~90	花：黄	5~8 月
	12	龙蒿	45~90	30~45	花：黄白	7~10 月
	13	柠檬香蜂草	20~30	20~30	花：白	7~8 月
	14	迷迭香	50~100	50~150	花：紫	11~12 月
	15	香茅草	70~100	50~80	叶：绿	7~8 月

（续）

		中文名	株高（cm）	冠幅（cm）	观赏特征色彩	花期
天然食用色素植物	1	蝶豆	100~200	50~100	花：蓝	7~8月
	2	黑果枸杞	50~80	50~80	花：粉 果：黑	5~6月
	3	蓝莓	30~120	50~120	花：白 果：蓝黑	5~6月
	4	千日红	20~60	30~50	花：紫红	6~9月
	5	玫瑰茄	100~200	100~120	花：红	8~9月
观花草本	1	绵毛水苏	10~60	10~60	花：紫红色 叶：灰绿	7月
	2	橙花糙苏	60~120	90~150	花：黄 叶：灰绿	6~8月
	3	郁金香类	10~70	15~30	花：白、粉、黄、紫、红、绿、橙、复色等	3~6月
	4	葡萄风信子	10~30	8~15	花：蓝、紫等	4~5月
	5	风信子类	15~30	8~15	花：蓝、紫、粉、红、橙、黄、白等	4~5月
	6	贝母类	30~90	30~45	花：白、粉、橙、黄、红、紫等	5~6月
	7	洋水仙类	15~75	15~30	花：白、黄、橙、复色等	3~4月

17.4 设计提示

（1）大量天然材料和大地色彩： 石材、木材、陶等材料可以在庭院中大量运用，以增加庭院的天然感。与这些材料对应的灰白色、木色、陶红色，以及绿色、蓝色、棕色等接近大地的色彩，宜多使用。

（2）陶罐： 陶罐有多种形态，质感粗糙亲和，可以在庭院中发挥多种功能，如可作盆器，亦可改造成涌泉，并组合使用。

（3）曲线道路： 曲线道路具有浓郁的生活气息，可使用大弧度曲线营造景深。道路铺装可以使用与建筑外墙相似的斑驳碎石拼接，亦可以铺粗砾石，以模拟自然气氛。

（4）矮墙式院墙： 托斯卡纳风格是自然而开放的，所以院墙应该设计得低矮，以形成宽阔的视野。在部分需要增强隐私性的地方，可以使用乔木＋灌木，来对院外的视线进行遮挡，形成私密的空间。

（5）植物设计以经典花境为主： 香草花园中的植物多为竖线条植物，很适合用来打造经典花境，形成自然植物景观。在种植香草的地方，最好能在地面铺一层砾石，以给植物提供干爽的生长环境。

17.5 花境设计方法

在本案例中，使用了大量草本植物。为了形成优美的景观效果，在此使用了花境的设计方法。

花境是一种模拟林缘下方草本植物群落的花卉应用形式，通常呈带状。因一二年生需每年重新种植，所以在庭院中设计花境应以宿根植物和球根植物为主，一二年生植物为辅，以减少管理维护的成本。

花境一般沿路或墙垣设置，根据观赏面分为单面观花境和双面观花境（表17-3、图17-7）。

表17-3　单面观花境和双面观花境对比

	单面观花境		双面观花境
适用位置	道路两侧		两条道路中间
特点	靠近路的地方低，远离路的地方高		两边低，中央高
背景	花境后侧以较高的观花灌木作为绿色背景，以衬托出前方的草本植物		无背景

图17-7　单面观花境（左）与双面观花境（右两条道路中间的花境）

　　经典花境从高度上划分至少要有3个层次的植物，即下层（10~30cm）、中层（30~60cm）和上层（＞60cm），当然可以在此基础上增加为4层或5层。从平面布局上考虑，经典花境中的植物通常采用条状的形式栽植，但条带需与道路呈30°~45°的倾斜。条带与道路平行的花境虽层次分明，但不够自然，且某种植物花期过后，如对其进行修剪就会形成一块很醒目的空缺（图17-8a）；将条带呈一定角度倾斜后，可以使不同层次的植物穿插，让花境看起来更自然，即使修剪其中一种植物，周围穿插的植物也能遮挡空缺（图17-8b）。

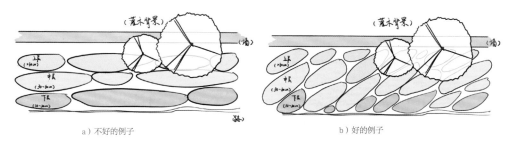

a）不好的例子　　　　　　　　　　　　　　　b）好的例子

图17-8　花境设计平面图对比

　　人走在道路两侧观赏花境时，需要有步移景异的观感。因此花境要具有一定的变化和韵律。变化源自对比，即色彩、线条（竖线条、团块状、水平线条）、质感的对比，如在香草花境画面中心处栽植了一丛形状、色彩和质感均与其他香草不同的凤尾兰，增加了花境的变化，成为吸引视线的焦点元素；韵律源自以某种节奏的重复，即若干种植物重复出现，以增强花境的整体性（图17-1）。此外，还要考虑到植物物候期。不同时期，每个高度层次至少要有1~3种植物可以观赏，设计时，选择长花期的植物有利于延长观赏期。此外每月主题植物或主色调的变化，也能增强花境的变化和丰富性。

第18章
阳光房前的水景园
Aquatic Garden with Conservatory

本案例是一个阳光房前的水景图（图 18-1、图 18-2）。

图 18-1　阳光房和水景园效果图

图 18-2　水景园庭院平面图

本案例关键设计元素见表 18-1。

表 18-1 阳光房前的水景园的关键元素

关键元素	特点
小木桥	小木桥连接了水面的两岸，同时也是画面中的视觉焦点，兼具功能性和观赏性。木桥遮挡了桥后方的水面，让人难以判断水面的真实大小，从视觉上增加了水面的面积
驳岸石	水岸两侧布置用石头形成驳岸，以防止岸上的泥土被雨水冲刷至水中导致水面变得浑浊，同时起到防护作用避免使用者落水，且能增加景观的野趣
条石汀步	条石汀步不要整齐摆放，长短不一、倾斜摆放的汀步更具有自然感，也更契合庭院的氛围

18.1 阳光房

阳光房产生是为了应对多雾、多雨且冬季阴冷的天气。人们可以在阳光房中享受温暖并种植不耐寒的植物，布置家具如餐桌、座椅等，以享受足不出户却又绿意盎然的惬意时光。阳光房不仅是植物温室，更是人们放松、娱乐、聚会的场所，越来越受到人们的青睐（图 18-3）。

中国的气候环境不似欧洲，不加温的阳光房往往夏季闷热、冬季寒冷。但这种独特的生活趣味，正像英式下午茶一般被人们津津乐道。目前比较可行的办法是将阳光房建造在建筑南侧，既可以利用建筑的管道线路铺设空调、暖气，又可以为阳光房抵挡寒冷的北风，增强保温效果。

图 18-3 绿植布置的阳光房

18.2 水景园

水景园是以各种水生植物和近水植物为主的庭院景观（图 18-4）。自然式的水景园受到人们的青睐，其利用水生植物和鱼类代替水泵和过滤设备达到水体净化的效果。本案例中，阳光房前增加了水面，夏季时能够减少地面辐射，给阳光房降温；同时利用水面、地面比热的差异，形成微气流的循环流动，来形成徐徐微风的效果。

水景园在维护时有一些注意事项。水深不足 1m 的水池需在水面结冰前将鱼打捞起来，防止鱼被冻死。挺水和浮水植物可栽植在花盆中，一些不耐寒的植物如热带睡莲等冬季移入室内。此外，小型水池需要在冬季前排干水防止水体结冰冻裂管道和设备。水景园为庭院带来灵韵的同时，也带来了额外工作，所以建造前还需三思。

图 18-4　水景园

18.3　植物选择

水景园应该具有丰富的植物种类，形成茂密、自然的植物景观（表 18-2）。除了水生植物以外，还要重点考虑岸边植物。比如一些叶片细长柔软的植物，与驳岸石能够很好搭配在一起，如马蔺、萱草、水仙等；一些喜欢生长在水边、喜湿润环境的植物能够与水面形成协调的效果，如千屈菜、美人蕉、鸢尾、黄菖蒲、荚果蕨等（图 18-5）。

图 18-5　叶片细长柔软的植物与置石搭配的效果

大型叶片可以说是水景园的灵魂角色，通常作为视觉焦点。南方常用的大叶植物有龟背竹、春芋、滴水观音等。但北方大叶植物非常稀缺，在这个案例中使用了在菜市场中能够买到的芋。只需要每年春天将整颗芋的块茎栽植在土壤中，在夏季收获郁郁葱葱的大叶植物景观，是北方的一种经济、易得的大叶植物（图18-6）。

此外，彩叶类植物经过水面的反射能够变得更加美丽，如玉簪属、美人蕉属、芋属、竹芋属、肖竹芋属都有很多适生于水边且叶色美丽的植物品种。秋色叶植物也会因为水面的存在而更加精彩，因为水池能增加空气湿度，有利于秋色叶树种的变色。比如人们经常会选择槭树栽植于水边，水面能够给槭树提供足够的湿度（图18-7）。

图18-6 利用芋头种植的芋

图18-7 北京植物园水边的鸡爪槭秋季变为红色

表18-2 适用于水景园的植物

		中文名	株高（cm）	冠幅（cm）	观赏特征色彩	花期
乔木	1	鸡爪槭	300~750	300~750	秋叶：红	4~5月
	2	元宝枫	600~750	450~600	秋叶：红或黄	4月
	3	五角枫	900~1200	900~1200	秋叶：红或黄	4~5月
灌木	1	粗榧	150~300	150~300	叶：常绿	/
	2	八仙花	100~300	100~200	花：粉、蓝、紫、白等	6~8月
宿根植物	1	玉簪	30~45	45~60	花：白、紫 叶：金边、银边、蓝绿、绿等	8~10月
	2	紫萼	60~90	60~90	花：紫	6~7月
	3	玉竹	60~90	20~30	花：白、黄绿	5~6月
	4	西伯利亚鸢尾	60~120	75~90	花：紫、蓝、粉、红紫等	5~6月
	5	马蔺	10~50	10~60	花：蓝紫	5~6月
	6	萱草	60~75	60~75	花：黄、橙、红、紫等	5~7月
	7	射干	60~90	20~60	花：黄、橙等	6~8月
	8	荚果蕨	90~180	150~240	叶：绿	/
	9	蹄盖蕨	30~90	30~75	叶：绿	/

（续）

		中文名	株高（cm）	冠幅（cm）	观赏特征色彩	花期
球根植物	1	芋	90~180	90~180	花：黄白色 叶：绿、紫红、花叶	2~4月（云南）至8~9月（秦岭），较少开花
	2	美人蕉类	45~240	45~180	花：白、橙、红、粉等 叶：绿、花叶、紫红	6~10月，华南地区四季开花
	3	水仙类	15~75	15~30	花：黄、白、复色等	3~4月
	4	石蒜类	30~60	20~60	花：红、粉、紫、白等	7~9月
挺水植物	1	千屈菜	60~120	60~120	花：淡紫、粉	7~9月
	2	黄菖蒲	90~150	60~75	花：黄	5月
	3	水葱	120~240	90~180	花：土黄	6~8月
	4	香蒲	120~180	120~180	花：黄褐 果：红褐	5~8月
	5	荷花	90~180	90~120	花：白、粉、黄、红等	6~8月
浮水植物	1	睡莲类	20~30	180~240	花：白、粉、黄、红、紫、蓝等	6~8月
	2	丘角菱（欧菱）	20~30	20~30	花：白色	5~10月

18.4　设计提示

（1）利用"近大远小"的透视关系：　这个案例中水面较小，在植物设计时，应选择大量的大叶植物栽植在视野前方，作为前景，选择小叶植物栽植在视野后方，作为远景，这样利用"近大远小"的构图原理，使水面的前景和远景之间的视觉距离拉远，达到增大水面面积的目的。

（2）水岸设计成蜿蜒的曲线：　由于水面能够反射和折射光线，给人远近难测之感。如将水岸线设计成蜿蜒的曲线，能强化这种感觉，增强景深，也会使水景园的景观更为自然。

（3）桥遮挡部分水面：桥遮挡掉部分水面后，会给人以后面还有很大空间的暗示，将桥布置在水面靠后的位置，能够让人产生水面很大的错觉。

（4）阳光房外栽植落叶乔木：在阳光房外应栽植1~2株高大落叶乔木，在盛夏时遮去部分阳光，为阳光房降温，在冬春季气候较寒冷时，又能让阳光充分地照进阳光房。

第 19 章
触觉主题的儿童花园
Tactile Garden for Children

本案例是一个触觉主题的儿童花园（图 19-1、图 19-2）。

图 19-1　触觉主题儿童花园效果图

图 19-2　触觉主题儿童花园平面图

本案例关键设计元素见表 19-1。

表 19-1　触觉主题儿童花园关键元素

关键元素	特点
秋千	秋千是最老少皆宜的游乐设施之一，相比滑梯、蹦床、跷跷板这些只适合儿童的游乐设施，更符合儿童花园可持续发展的原则
帐篷	相比树屋来说，帐篷更经济，且方便移动，增加了儿童花园的弹性。而树屋建造成本高，且如果庭院中没有大树，树屋难以形成理想效果。另外，帐篷能隔绝蚊虫、遮风避雨，给孩子提供一个舒适的休息环境
小水池	浅浅的小水池或水沟可以供儿童踩水玩耍，更可以在儿童玩沙后清洁双手。作为触觉花园来说，水面还能提供给脚尖不一样的触觉感受
趣味植物	色彩丰富、形态奇特、可食用的植物，都能增加儿童花园的趣味性，让儿童在花园中更有参与感
沙地和草地	沙地细腻柔软，可供儿童玩沙，亦可用于秋千等游乐设施附近提供保护。宽阔的草地也有类似的作用，更方便奔跑嬉戏，可供儿童运动

19.1　儿童花园

　　每个小孩都是冒险家。他们生性充满好奇，喜欢用小小的身体去接触这个未知的世界，用眼睛看，用嘴尝，用耳朵听，用鼻子闻，用手去触摸……儿童在这过程中可以自我发展感知能力、运动能力、记忆能力及语言能力。在儿童花园中，儿童是主角，所有的花园元素都应以儿童的角度与尺度去构建。为儿童提供一个安全，同时具有冒险和探索趣味的游乐场地，是儿童花园设计的初衷（图 19-3）。

图 19-3　儿童花园

　　出于安全性考虑，儿童花园应该设计在客厅窗户可见的位置，同时花园应该多使用草本植物和低矮的灌木，以方便屋内的成人时刻关注孩子的状况。场地内避免使用大量硬质铺装，多使用柔软的草地或沙地，供孩童奔跑或运动，防止磕碰（表 19-2）。如果有水体的话，不宜过深，以供小朋友踩水玩耍为宜。

表 19-2　儿童花园可用的铺装材料比较

铺装材料	优点	缺点	适用区域	适合对象
塑胶地垫	具有缓冲和保护功能，且色彩亮丽，可以设计成各种图案	在阳光照射下，可能会散发出有害气体，故应选择优质的产品。且景观人工痕迹重，不自然	游乐设施场地	3~6 岁
沙地	使用灵活，具有多种功能，可供儿童堆沙雕，亦可提供一定保护	沙子损耗较大，需要定期补充。且易隐藏杂物、滋生细菌，需要定时消毒、清洁	游乐设施场地和玩沙区	3~12 岁
木质地坪	木材具有恒温性，更具亲和力。同时木材的韧性也能够提供一定的保护功能	会热胀冷缩，易变形损坏，寿命不长	休憩区、看护区	0~12 岁
草地/苔藓	景观自然，质感柔软，可用于多种功能性场地	养护成本较高	运动区、游乐设施场地	0~12 岁
天然石材/砖	色彩、形状多样，表面可加工成多种不同的触感，铺装场地平整，使用寿命长	硬度高，不具有保护功能	运动区（球类运动）、道路	3~12 岁

具有趣味性的花园是可让儿童与花园产生互动的。秋千、滑梯、吊床、跷跷板、帐篷、树屋、球网、篮球架等游乐或运动设施都是不错的选择。此外，可以从摆件、装饰物上下功夫，如动物雕塑等。利用高大的草本植物和小灌木分隔出一些小空间，供小朋友捉迷藏、建立"秘密基地"。多选择具有趣味性的植物，提高小朋友的自然感知力。

很多儿童花园设计时忽略了灵活性。私家庭院不似公共绿地，服务对象是特定的家庭成员。随着儿童年龄增长，花园功能和尺度也应变化。当孩子到了十五六岁时，儿童花园就失去了存在的意义。这就需要在设计时给予花园足够的弹性空间，避免大量固定的、硬质的游乐设施，以发展的眼光设计儿童花园。

19.2　触觉花园

触觉花园将不同触感的材料和植物组合，给予使用者多层次的触觉体验。不只是手感，有些触感花园需要光脚进入，体验青苔的绵软、流水的细腻、沙砾的粗糙、卵石的浑圆、金属的冰冷等不同的触感在脚尖的交替变化。

触感花园把庭院的视觉体验拓宽到了触觉享受，从另一个角度带领人们领略植物之美和自然之美。这将吸引儿童主动的与植物和花园发生互动，在这个过程中，潜移默化地增强儿童的自然感知能力。

19.3　植物选择

儿童花园应避免选择带刺（如月季、蔷薇、枸骨等）、有毒（如乌头、水仙、石蒜、夹竹桃、南天竹等）、易引起过敏（如漆树、杧果、黄连木、黄栌、杨树、柳树、悬铃木、芦苇、木棉等）、易引发病虫害的植物（杨树、桑树、构树、柿树等）。在选用植物之前，需要查阅资料，对植物的安全性进行评估。儿童年龄越小，安全性要求更高。此外，还应选择具有趣味性的植物。明快亮丽的色彩、奇异的形状、可食用的果实、特别的触感……这些都可以增加儿童花园的趣味性（图19-4）。

图 19-4　触感各异的植物

　　本案例选择了大量触感各异的植物，以增加趣味性。从叶片的触感来说，蓬松如地肤球，毛绒如绵毛水苏，光滑如玉簪、紫萼，粗糙如无花果，肉质如八宝景天、垂盆草。从花序的触感来说，有花苞像气球般的桔梗，有毛茸茸的兔尾草，有扁平的八宝景天，还有圆球状的欧洲雪球，像火把一样的火炬花。表19-3中的植物都能带来独特的触感，需要孩子自己去探索、发现。

　　同时植物选择上还兼具可食用性和趣味性，如埋在地下的根茎类食物如番薯、胡萝卜、土豆，长在树上的无花果和蒙古栎的橡子，桔梗的嫩叶和根茎，木槿花的花蜜等都可以食用。此外，蒙古栎的叶子可供饲柞蚕、包粽子，而马蔺（即儿歌中的"马兰花"）的叶子可用于捆扎粽子，凤仙花的花瓣可用于染指甲，这些都增加了儿童花园可参与性。

表19-3　适用于儿童花园、触觉花园的植物

		中文名	株高（cm）	冠幅（cm）	观赏特征色彩	花期
乔木	1	蒙古栎	300~1000	300~1000	花：雄花黄绿色，雌花淡红色	4~5月
	2	桑树	300~1000	300~1000	花：淡绿	4~5月
	3	银杏	300~1000	300~1000	花：淡黄绿	4月
灌木	1	无花果	200~600	200~600	叶：绿	/
	2	木槿	200~300	200~300	花：白、紫、红、粉等	7~8（9）月
	3	欧洲雪球	150~300	150~300	花：初开绿色，后转为白色	5~6月
	4	毛樱桃	180~300	180~300	花：白、粉；观果，红色	4~5月
	5	蓝莓（笃斯越橘）	100~240	100~240	花：白　果：蓝黑	6月
宿根植物	1	玉簪	30~60	30~100	花：白、紫 叶：绿、花叶、蓝绿	8~10月
	2	紫萼	30~60	30~100	花：紫	6~7月
	3	黑心菊（黑心金光菊）	60~90	30~60	花：黄、红、橙等	6~10月
	4	松果菊	60~120	45~60	花：紫、红、粉、橙、黄、复色等	6~7月
	5	马蔺	10~50	10~60	花：紫、蓝	5~6月
	6	八宝景天	30~45	30~45	花：粉　观叶	8~10月
	7	垂盆草	5~15	15~30	花：黄色　观叶	5~7月
	8	桔梗	30~75	30~45	花：蓝、紫、白、粉	7~9月
	9	绵毛水苏	10~60	10~60	花：粉、紫　叶：灰绿	7月
	10	百里香	10~40	10~40	花：粉、紫	7~8月
	11	薄荷	10~50	30~100	花：白、粉、紫，食用嫩叶	7~8月
	12	火炬花	90~120	60~90	花：橙、黄、红等	6~10月

（续）

		中文名	株高（cm）	冠幅（cm）	观赏特征色彩	花期
观赏草及草坪草	1	细叶芒	100~200	90~180	花序：初期粉红色，后转为银白色	9~10月
	2	狼尾草	75~150	75~150	花序：淡紫、粉色	6~10月
	3	兔尾草	30~45	15~30	花序：白、淡黄	6~9月
	4	草地早熟禾	7~10	15	叶：常绿	5~6月
	5	高羊茅	7~10	15	叶：常绿	4~8月
一、二年生植物	1	地肤	60~150	30~45	叶：绿	6~9月
	2	凤仙花	12~75	15~45	花：白、粉、红、紫红色、雪青、橙等	7~10月
	3	紫茉莉	60~90	60~90	花：黄、白、粉、紫、红、洒金、复色等	6~10月
	4	金鱼草	30~90	15~30	花：白、黄、橙、粉、红、紫、古铜色及复色等	3~6月
蔬菜作物	1	番薯（或金叶番薯）	15~30	240~300	花：粉红、白、淡紫、紫 叶：绿、黄绿	7~9
	2	土豆（阳芋）	30~45	30~45	花：白、浅紫	6~7月
	3	胡萝卜	75~90	75~90	花：白	5~7月

19.4 设计提示

（1）**使用多触感的景观材料：**利用不同材料丰富庭院的触感。光脚行走在花园中时，就能体验到木材（木平台）→草地→细沙→柔软植物（垂盆草）→水面等多层次的触感。还可以利用石材、金属等材料。

（2）**以草本植物为主，无刺灌木围合庭院：**多使用质地柔软的草本植物，不仅符合安全需求，也符合儿童的身高尺度。对于儿童来说，过多高大灌木或小乔木可能造成阴森的感受。木本植物还容易造成磕碰，引起不必要的受伤，因此比较适合栽植在庭院四周，以增加庭院的私密性和安全性。使用高大的草本植物对于儿童来说具有强烈的视线遮挡、分割空间的作用，对于成人来说则是弱遮挡、弱分割，这恰恰符合儿童花园的监视需求。

（3）**营造趣味小空间：**在设计草本植物的种植区时，依然要注意在不同的景观层次之间进行留白，以营造出可以捉迷藏的小空间。

（4）**帐篷和树屋设置：**帐篷和树屋最好布置在角落，可充分激发孩子的探索欲。暂时脱离监护人的监视，可以更有利于儿童自我意识的形成。但这并不意味着应该将帐篷和树屋布置在完全脱离家长视线的位置，半遮半掩最好。

（5）**色彩搭配：**使用缤纷的色彩可形成活跃的氛围，吸引儿童注意力。但各种颜色应以不同比例、有主次地出现在庭院中，若以均等的比例出现在庭院中会让人眼花缭乱。

第 20 章
狭长的新中式庭院
Narrow Modern Chinese Style Courtyard

本案例是一个狭窄的新中式庭院（图 20-1、图 20-2）。

图 20-1　狭长的新中式庭院效果图

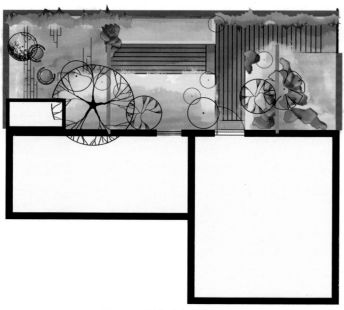

图 20-2　新中式庭庭院平面图

本案例关键设计元素见表 20-1。

表 20-1　新中式庭院的关键元素

关键元素	特点
景石	景石抽象，常让人产生动物、人物、重峦叠嶂的联想，最能体现古典园林微缩自然、以小见大的特点。其布置方式水墨画法的影响，讲究"三远"：自山下而仰山巅谓之高远，自山前而窥山后谓之深远，自近山而望远山谓之平远。但取自山野、形态各异的景石也是最难把控的景观元素。所以通过现代设计语言，对景石进行加工切割、整形是新中式景观常用的手法
水池	所谓"一拳代山，一勺代水"，水与石共同"缩千里江山于方寸之间"，体现主人对自然的理解。新中式风格常将曲折斑驳的自然水岸线简化为几何形态，一改传统的晦涩和沉闷。赋予现代感的同时，更有一种似是而非、由此及彼的隐喻，是对传统山水观的进一步升华。本案例由于受到了狭长空间的限制，水池选择最能与空间融合的方形，简单而不失灵动
月门	圆形过门又称"月门"，象征圆满。在圆形画框中，景物具有聚焦感、更显深邃。因为空间狭长，使用完整圆形会使景观过于对称、呆板，故只使用半圆。大脑在处理信息时会将缺失部分自行补足，而观者脑中补足的完整圆形，超出院墙之外，这使庭院的横向距离从视觉上悄悄地增加了
瓦片墙	古典园林往往有多个建筑，而在狭窄的空间里，再建一座构筑物会使空间更逼仄。使用瓦片墙来象征建筑元素时，它会让人们联想到建筑，但却不生硬，与已有的住宅产生呼应，表达传统园林的布局观

20.1　中国古典园林

中国造园修庭成熟于宋，辉煌于清。如今耳熟能详的江南古典园林，如网师园、拙政园、留园、个园等，多在清代中叶建成。中国古典园林体系，展现"源于自然、高于自然"的整体风貌，表达"天人合一"的哲学观。对东方园林景观产生重要影响（图 20-3、图 20-4）。

图 20-3　中国古典园林

但由于历史原因，中国古典园林，就像是时间的一张永久切片，静止而永恒。改革开放后，近现代西方园林景观被盲目复制，这促使景观设计师们开始探索将中国古典与现代园林景观结合的途径。

图 20-4　北宋司马光的独乐园与如今现存明清园林景观有很大差异（《独乐园图》局部　仇英）

20.2　新中式风格

以现代设计语言表达传统古典园林的精髓，按现代人审美重新演绎传统园林的唯美意境，就是"新中式"。目前新中式庭院多以清代中叶时期的古典园林为样本。

相比古典园林，新中式会在部分景观元素和形式上删繁就简、摒弃程式、解构重组，如传统古典园林中的符号、图案元素，会被凝练、抽象为新的图案。在满足现代庭院功能需求的同时，保留古典园林的意境和内涵。本案例中，尝试将新中式风格应用在一个狭长的庭院之中，探讨如何在狭长、笔直的空间中重现古典园林曲径通幽的意境。

图 20-5　新中式景观

20.3　植物选择

一些植物因特殊的形态或生长习性，具有文化象征意义，是文人精神寄托，频频出现在古典园林中，成为唯美意境的关键元素。植物景观意境可分为：联想、通感、禅思，其程度和营造难度均由浅及深（表 20-2）。

表 20-2　植物景观的 3 个意境层次

层次	描述	特点
联想	以景物自比，如"花间四君子"：梅（傲骨高洁）、兰（通明贤达）、竹（虚怀有度）、菊（遗世独立）。"岁寒三友"：松、竹、梅；"玉堂富贵"：玉兰、海棠、牡丹等	意境平白浅显，相对静止而单薄
通感	以景物调动多种感官，令观者触景生情。如雨打芭蕉叶，同时激活了人们的听觉和视觉。广东民乐《雨打芭蕉》用这个意象表达欢快喜悦之情；诗人用"芭蕉叶上无愁雨，只是听时人断肠"的词句，表达清冷、寂寞之感。即同一景象，通向何感则由当下心境决定	感受的立体，带来意境的具体。能让人感同身受、触景生情
禅思	以景物引发观者对世界的思考，即景观具有哲学意味。观者得以脱离景观本身，抽离自我，放下"我执"，从更宏大的视角来看待世界	不仅对设计师有要求，更对观赏者有要求

设计师常能做好"联想"和"通感"两层意境，即使有意营造"禅思"意境，也鲜有观者能够明白。"诗佛"王维的辋川别业中有"辛夷坞"一景，他曾以此景为名作诗："木末芙蓉花，山中发红萼。涧户寂无人，纷纷开且落。"表现一种"天人合一""物我两忘"的境地（图20-6）。

"新中式"的景观具有较大的自由，不必纠结于意境的表达。掌握表 20-3 这一张"新中式植物"清单，为构建新中式景观提供参考。

图 20-6　紫玉兰

表 20-3　适用于"新中式"风格庭院的植物

		中文名	株高（cm）	冠幅（cm）	观赏特征色彩	花期
乔木	1	合欢	600~1200	600~1500	花：粉　叶：绿、紫红	6~7 月
	2	玉兰	900~1200	900~1200	花：白、粉、浅黄等	2~3 月（亦常于 7~9 月二次花）
	3	紫玉兰	240~360	240~360	花：紫	3~4 月

（续）

		中文名	株高（cm）	冠幅（cm）	观赏特征色彩	花期
乔木	4	鸡爪槭	300~750	300~750	叶：绿、黄绿、灰绿、红等	4~5 月
	5	石榴	180~600	120~450	花：红、粉、橙、黄、白、复色等，观果	5~10 月
	6	紫薇	30~600	45~600	花：粉、紫、红、白、淡红等	6~9 月
	7	华山松（盆景）	1000~1500（自然状态）	1000~1500（自然状态）	叶：常绿	4~5 月
	8	西府海棠	360~450	360~450	花：红、粉、白等	4~5 月
灌木	1	蜡梅	300~450	240~360	花：黄、黄瓣紫心、黄瓣红心等	11 月~翌年 3 月
	2	牡丹	90~150	900~1200	花：玫瑰色、红紫、粉红、白等	5 月
	3	贴梗海棠（皱皮木瓜）	240~300	360~500	花：猩红、淡红、粉、白	3~5 月
	4	平枝栒子	60~90	180~240	叶：绿　果：红	5~6 月
	5	八仙花	100~300	100~200	花：粉、蓝、紫、白等	6~8 月
	6	早园竹	300~500	300~750	叶：常绿	/
宿根植物	1	玉簪	30~45	45~60	花：白、紫　叶：花叶、蓝绿、绿等	8~10 月
	2	紫萼	60~90	60~90	花：紫观叶	6~7 月
	3	芍药	75~90	75~90	花：白、粉、红、黄、紫等	5~6 月
	4	鸢尾	30~45	30~45	花：紫、蓝、淡蓝、粉、白等	4~5 月
	5	萱草	60~75	60~75	花：黄、橙、红、粉、紫等	5~7 月
	6	荚果蕨	90~180	150~240	叶：绿	/
盆栽	1	芭蕉	180~420	180~420	叶：绿、紫红	7~12 月（华南地区）

20.4　设计提示

（1）狭长空间分割成若干小空间： 对于狭长的庭院来说，通常的做法是将其分割为若干个小空间，把长视线打断为若干短视线。这种做法对于任何风格的庭院，都是适用的。但本案例中，未将长视线完全打断，而是利用半圆形的月门遮挡部分视线，既形成了古典园林半遮半掩、婉转、含蓄的氛围，又利用了长视线形成了多个套叠的框景以营造古典园林的深邃感，可谓一举两得。

（2）设计轻微曲折道路： 狭长的空间里难以实现曲折的道路，但为了保留古典园林的布局观，在画面的中景部分将道路做了轻微的曲折，以营造曲径通幽之感。

（3）古典园林造园手法的运用： 借景、框景、障景、对景、漏景、夹景、添景等构景手法，在本案例中均有所应用。具体方法详见 11.2。

第 21 章
美式乡村风格的旱溪花园
American Rustic Garden with Dry Creek

本案例是一个美式乡村风格的旱溪花园（图21-1、图21-2）。

图 21-1　美式乡村风格的旱溪花园效果图

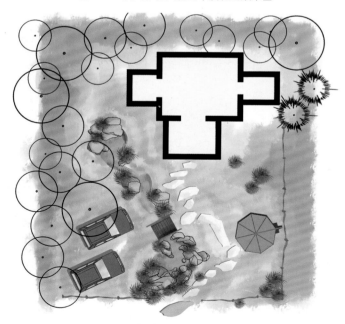

图 21-2　美式乡村风格庭院平面图

本案例中关键设计元素见表21-1。

表21-1　美式乡村风格的旱溪花园的关键元素

关键元素	特点
卵石和自然原石	通常将卵石铺在旱溪的表面，将自然原石摆放在旱溪两岸，以模拟自然草原中的干涸河床
户外车库	美国西部乡村地广人稀，很多时候不会在建筑中设计车库，往往将汽车停放在户外或庭院之中，与美式风格的崇尚冒险的精神内涵正好契合，可作为庭院一景
户外阳伞与沙滩椅	阳伞、沙滩椅和阳光浴，是生活方式的象征。作为庭院的休憩空间，这种形式也方便折叠整理。这个空间也容易拓展为活动场地，伴随着热情欢快的乡村音乐，举办一场户外烧烤聚会
木桥	在旱溪花园中，桥就成为沟通两岸的必要元素，不仅能够增加旱溪的韵味，还能进一步促进观者对"溪水"的联想。木质桥更贴切整个庭院的风格。还可以使用耐候钢板制作的桥，让庭院瞬间具有沧桑感和故事感
木围栏	木围栏是美国乡村代表元素，它可以作为庭院的边界，在与其他庭院进行分隔的同时，又维持了开放、自由的氛围
快递存取箱	在现代庭院中，快递存取箱具有装饰意义和实用意义。类似信报箱是美式庭院最常见的元素

21.1　美式乡村建筑风格

美式乡村风格起源于18世纪拓荒者居住的房子，后来在美国乡村得到了进一步发展。美式乡村风格带有欧洲古典主义的痕迹，建筑、家具都具有古典的造型美和对称美，但又融入了开拓者刻苦、创新的开垦精神，摒弃繁复的装饰，强调实用性。大部分拓荒者的房子均是由木材建造。木材赋予美式乡村风格建筑温暖、亲和的特质。

图21-3　美式乡村风格建筑

广阔的北美大草原，对美洲殖民者产生了潜移默化地影响，即追求自由、不受约束。这种乐观旷达的态度也反映在建筑上，以其充满活力、自由奔放的建筑特点，受到人们的喜欢。美式乡村住宅院落之间界限不明显，没有高大的院墙，或仅用矮墙分隔。在设计这样的庭院时，应该更多地秉持开放和好客的态度（图21-3）。

21.2　旱溪花园

由于降雨和冰山融水存在季节性变化，枯水季节，草原上常常露出干涸的河床。旱溪花园就是在模仿这种自然景观，以形态各异的卵石和天然原石为基础，搭配各种自然草甸的植物（图21-4）。

旱溪景观为缺水地区提供了多样化、低维护的"水景"。雨天，旱溪还能承担庭院排水、蓄水功能。尽管溪中无水，但这种形式的"水景"正如自然草原中干涸的河床一样，让观者能联想到水的存在。这与日式庭院的枯山水有异曲同工之处，但日式的枯山水强调隽永的美感，而旱溪则是粗犷和随意的，没有太多的隐喻，只有对自然景观最直接的复刻微缩。

图 21-4　旱溪花园

21.3　植物选择

在设计庭院时，尽量与建筑的风格贴合，以形成统一感。美式乡村风格的建筑，常与北美大草原的景观有密切联系。之所以选择旱溪、木围栏等元素，也是为了呼应这一主题。

本案例中，选择了大量观赏草以营造出北美大草原的氛围（图 21-5）。此外还选择了大量原生于草原上的宿根植物，与观赏草搭配，共同营造粗野又浪漫的植物景观。其实在市场中购买到的很多宿根花卉，均原产于北美大草原，如松果菊、黑心菊、天人菊等。这些从远方而来的植物，如今成为中国最常见的庭院宿根植物，这给我们打造美式乡村庭院提供了很大便利（表 21-2）。

图 21-5　风吹过的观赏草

表 21-2　适用于美式乡村风格庭院的植物

		中文名	株高（cm）	冠幅（cm）	观赏特征色彩	花期
乔木	1	白桦	900~1200	450~750	枝干：白　秋叶：黄	5~6 月
	2	圆柏	450~900	200~450	叶：绿，常绿观植株	4 月
	3	青杆	250~900	200~600	叶：绿，常绿观植株	4 月
	4	白杆	250~900	200~600	叶：灰绿，常绿观植株	4 月
灌木	1	大花四照花	100~250	100~250	花：粉、白、绿等　果：红	4~5 月
	2	墨西哥四照花	100~250	100~250	花：白	4~5 月
	3	红瑞木	100~200	90~150	花：白　枝干：红（观冬态枝条）	5~6 月
	4	紫穗槐	120~360	180~450	花：紫	5~10 月
	5	轮生冬青（北美冬青）	90~360	90~360	叶：常绿 果：红	5~6 月
	6	弗吉尼亚鼠刺	60~100	120~200	花：白　秋叶：红	4~5 月

		中文名	株高（cm）	冠幅（cm）	观赏特征色彩	花期
宿根植物	1	黑心菊	60~90	30~60	花：黄、红、橙等	6~10月
	2	天人菊	30~45	15~30	花：黄、红、橙等	6~8月
	3	松果菊	60~120	45~60	花：紫、红、粉、橙、黄、复色等	6~7月
	4	草光菊（草原松果菊）	30~90	30~45	花：黄、粉	7~10月
	5	大花金鸡菊	45~60	45~60	花：黄、橙、红等	5~9月
	6	加拿大美女樱	60~120	45~60	花：蓝、紫	6~9月
	7	紫花甸苜蓿（紫色达利菊）	30~90	30~45	花：蓝、紫红	7~9月
	8	八宝景天	30~45	30~45	花：粉 观植株	8~10月
	9	蛇鞭菊	60~120	20~45	花：紫、白、粉等	7~8月
	10	美丽月见草	20~60	30~45	花：粉	4~11月
一、二年生植物	1	花菱草	30~45	30~45	花：橙、黄、红、粉、复色等	4~8月
	2	古代稀	60~75	20~40	花：粉、红、紫等	6~7月
	3	醉蝶花	90~150	30~60	花：粉、红、白、紫等	6~9月
	4	波斯菊	30~120	60~90	花：粉、红、紫、白、黄等	6~9月
观赏草	1	柳枝稷	90~180	60~90	花：白、浅绿或带紫色	6~10月
	2	细茎针茅	30~60	30~60	花：浅绿	6~8月
	3	"卡尔"拂子茅	90~150	45~75	花：黄	5~6月
	4	须芒草	60~120	45~60	花：白	7~10月
	5	红毛草（蜜糖草）	45~60	20~45	花：红	7~10月
	6	蓝羊茅	10~30	30~45	花：黄褐 叶：蓝灰	5月
盆栽	1	仙人掌类	15~30	15~30	花：黄、红、粉等	5~9月
	2	倒挂金钟	30~60	30~60	花：红、粉、白、紫、肉色等	4~12月
	3	新西兰麻	30~180	30~90	叶：红褐色	6~8月
	4	紫叶美人蕉	100~120	45~180	叶：紫红	6~10月

21.4 设计提示

（1）开放庭院边界：打开庭院边界，不仅能够将庭院外的自然风光引入庭院之中，还能营造开放、自由的氛围，这与美式乡村风格相契合。

（2）设计野花草甸：相比英式园林中精致、华丽的盛花花境，野花草甸是自然式植物设计的方法。这种植物设计方法因其显著的生态效益、低维护管理以及朦胧梦幻的植物景观，在近年来越来越受推崇。

21.5 野花草甸设计方法

野花草甸植物景观的设计灵感则来源于自然草原或草甸。这是一种新型植物景观设计方法，但在中文语境中时常被误认为"花境"，在此做一个区分（表21-3）。

表21-3　野生草甸与花境的区别

	花境	野花草甸
灵感来源	森林林缘边界的带状野花景观	草原或高山亚高山草甸中成片的野花景观
地块形态	通常呈狭窄的带状或长条状	通常呈宽阔的片状或块状
设计	（1）高度要有明显的层次，前低后高 （2）植物花期应该搭配错落，不同季节有不同的主题开花植物 （3）植物组团通常顺应带状场地的方向，设计成条带状，相对具有规律性	（1）植物高度要具有层次，但对其出现位置没有明确要求 （2）植物花期应该搭配错落，但不认为花是植物唯一的观赏部位，而认为任何植物在一年四季，从萌发、生长、开花到干枯死亡的不同阶段都具有独特美感 （3）植物组团通常设计成斑块状，相对随机，以景观自然、优美为准
施工	栽种植物	播种或（和）栽种植物
管理	需要频繁地修剪，以控制植物株高，并促进植物分枝形成紧凑株形	通常不需要修剪，采用低干预手段，允许群落演替的自行发生

设计师设计野花草甸，建植施工完成后，则允许群落自行演替，即很大程度上交予"自然"去发挥。这使得野花草甸具有低维护的特点，能够节省人工成本，尤其适合"懒人花园"。

尽管这种植物景观受到人们喜爱，但需要设计师掌握极大量的知识和极丰富的经验，包括熟知植物在不同生长阶段、不同季节的形态、习性、观赏特性的表现，更要了解群落生态学的知识，才能使野花草甸内的不同植物稳定地共存，并表现出最好的景观（图21-6）。

A：世园会大师园英国园；　B C D："新宿根运动"代表人物 Piet Oudolf 的私人庭院

图21-6　野花草甸景观

但野花草甸的设计也不是无规律可循的，在此总结了野花草甸的设计和建植步骤，以供新手参考。

1. 挑选植物

表 21-2 给出的植物清单是比较容易使用的植物。野花草甸鼓励大家使用更多样化的宿根花卉，甚至是去野外采收野生植物的种子（在不破坏原生境和不伤害野生植物的前提下）。

野花草甸追求的是自然野趣的景观，不强调任何一株植物，而强调群体的效果。小花宿根植物是最常用的植物种类，它们不过分起眼，能形成模糊朦胧的色块，就像是用干糙的油画笔刷画出来的画面。花序短小的植物（如紫色达利菊、地榆），能为画面增加印象派油画的细碎笔触；叶片细密轻盈的观赏草，能烘托出如雾如幻的氛围，将不同气质的植物连接在一起（图 21-7）。

野花草甸还能为昆虫和动物创造新的栖息地，形成物种避难所，让我们的庭院也能为保护城市的生物多样性出一份力。

图 21-7　华北地区野生花卉——白头翁（左）与大叶铁线莲（右）

2. 划分每种植物的栽植区域

大自然是不会浪费任何一寸土地的，哪怕有丁点机会，也能迸发出勃勃生机。所以在设计野花草甸时，为了形成更自然的效果，除了必要的道路以外，其余栽植地都应该栽满植物。相比花境，在设计野花草甸时，植物的栽植密度稍大，同时形状相对自由，以模拟自然草甸植物群落的效果，看起来更自然。

3. 确定每个栽植区域的栽植方法和种植数量

设计完成后，通常有 3 种建植施工方式，即纯播种（即将植物种子单独或混合撒播在土壤之中）、播栽结合（即播种与人工栽植幼苗结合）或栽植（即完全通过人工栽植建成）。

面积较大的区域（大于 $10m^2$）可使用纯播种的方法。通常每平米目标的播种密度为 100~200 株 /m^2，即庭院中每平方米需要播种 1.5~3g 的种子。同等重量的小粒种子数量更多，播种量可以适当减少；大粒种子数量更少，播种量可以适当增加。播种建植操作简单、建造成本低、景观最为自然，但形成景观时间长，且随机性较强，不可控因素多（图 21-8）。

小粒种子：粒径 < 2mm，A：虞美人　　　　　　　　B：二月兰；中粒种子：粒径 2~5mm　　C：矢车菊
D：翠菊；大粒种子：粒径 > 5mm　E：百日草　　　　　　　　　　　　　　　　　　F：山桃草

图 21-8　不同粒径的花卉种子

面积较小的区域（小于 30m²）可使用栽植的方法。播栽结合的方法是先播种一批种子，待种子萌发后，局部补栽一些植物（如观赏草和球根）。栽植的方法则与花境的建植方法类似，通常密度更高，以形成丰满的填充效果，栽种的株行距可设置为与盆径相同。纯栽种建植的植物景观可控性强，但需要消耗的人工较多，成本较高，景观的人工痕迹也稍重。

4. 整理种植床

可以模拟自然草原营造有起伏地形的植物景观，抬高处栽植耐旱、怕涝的植物种类，低洼处栽植喜湿植物种类。土壤要求疏松、透气、排水良好，提前翻地、整平土壤（图 21-9）；如果土质较差，最好进行土壤改良（换土、拌入有机肥、草炭土等措施）。

图 21-9　平整土地

为了减少杂草的产生，通常还会在种植床上覆盖一层 5~7cm 的纯净沙子。但未经灭活的沙子里常裹含大量的杂草种子，因此在不能确保沙子是否纯净时，不建议覆沙。可以覆盖一层 5~7cm 的草炭土（草炭土通常从土壤深处开采而来，因而携带的杂草种子很少）来抑制杂草。需要注意的是，草炭土十分容易干燥，不利于种子的萌发和幼苗生长，因此在建植初期要经常浇水，以保证草炭土的湿润。

整地完成后，先浇一次透水，检查是否有积水处。然后在次日再进行种植，这样可以提高种子萌发率和幼苗成活率。

5. 种植

按照设计图，用石灰或喷漆在地上画出每种植物的栽植区域。然后按照对应的栽植方法和数量进行种植即可。

播种时，先将种子与适量干燥的草炭土或沙子混合均匀混合，将混合了种子的草炭土均匀撒播在前一天已经浇水的栽植地上。干燥草炭土或沙子和湿润草炭土颜色不同，可以判断出种子是否均匀撒播。而后用耙子轻轻翻动土壤表层，使种子能够进入土内。最后压实土壤，浇水即可，浇水时注意不要将种子冲出土面，宜用花洒浇水。气温较高时可用透气透水的无纺布覆盖保湿，增加萌发率。家庭种植建议条播，覆土。易于管理（图 21-10 ）。

称种子　　混合沙子或草炭土　　撒播种子

搂平土壤　　压实土壤　　覆盖无纺布

图 21-10　播种步骤

在栽植成苗时，虽然设置了株行距，但在栽植时不能如插秧一样成行成排的种植，需要摆放得随机自然一些。

第 22 章
下沉式雨水庭院
Sinking Rain Garden

本案例是一个下沉式雨水庭院（图 22-1、图 22-2）。

图 22-1　下沉式雨水庭院效果图

图 22-2　雨水庭院平面图

本案例关键设计元素见表22-1。

表 22-1　下沉式雨水庭院关键元素

关键元素	特点
镜子、玻璃	下沉庭院一般面积不大，容易产生闭塞感。使用镜子、玻璃可增大庭院的视觉面积。如果庭院与建筑的落地窗相接，那可以充分利用现有的窗玻璃，在表面贴反光膜，形成反射的镜面效果
台地	台地可作种植池，还可以与台阶连接形成错落的视觉效果，也可以形成跌水，或是坐凳等。将不同的功能有机地穿插、整合在台地之上，充分利用有限的庭院空间以满足多种需求的同时，景观更统一、自然
木质平台	下沉庭院中容易形成积水，所以一般都会具有较为明显的排水设施，如下水井，但下水井上方的井盖或铁网是庭院中的不良景观，出于排水的目的又不能对其进行覆盖。因此可以使用架高的木质平台进行遮挡，不仅能够让雨水迅速下漏，还可以将水泵、过滤等水景的配套设备隐藏其下。再使用一些植物穿出木质平台，可以使庭院显得更加自然有趣

22.1　下沉庭院

下沉庭院作为住宅地下层和室外空间的过渡部分，可以改善建筑地下层的采光、通风条件，丰富空间层次。但对于庭院本身，下沉环境有诸多弊端，最重要的是低洼处容易聚积雨水，且四周高大墙体容易造成通风不畅。所以在设计下沉庭院时，最主要的就是要解决排水和通风两个主要问题（图22-3）。

图 22-3　下沉庭院

22.2　雨水花园

中国大部分地区气候是大陆性季风气候，特别是北方雨热集中。庭院夏季容易内涝，春秋又缺水。雨水花园，就是针对这种环境提出的解决方案，就像一是块海绵，在雨天吸水，在旱季放水。其设计思路是利用浅凹绿地汇聚来自屋顶、地面、高地的雨水，并逐层通过植物、卵石、砾石、沙土等材料使雨水净化，最终渗入土壤、涵养地下水，或收集起来补给景观用水。

下沉庭院的下凹地形，适合打造雨水花园（图22-4）。其基本设计思路为一排水，二蓄水，三净水。

图 22-4　雨水花园

22.3 植物选择

雨热集中的北方地区（如北京）应选择既耐旱又耐涝的植物，以对应旱季干旱和雨季积水。全年降水都比较多的华南地区（如深圳等），应着重选择耐涝植物。根据下雨时雨水的蓄积情况，一个雨水花园又可以分为蓄水种植区、过渡种植区和边缘种植区（图 22-5）。

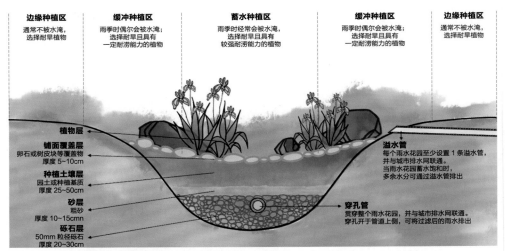

图 22-5 雨水花园不同位置适宜的植物（蓄水区、过渡区、边缘区）与结构剖面图

如果庭院面积较大，可以营造自然、粗野的雨水花园景观。但在面积较小的庭院中，应该追求精致、整洁、现代的植物景观。下沉庭院的面积一般较小，讲究功能性的现代主义风格最适用于这类空间。设计元素上应该以明快简洁的直线或几何形状为主，植物选择上也要选择耐看、具有现代感和细节感的植物。比如观赏期长，颜色低调素雅的木槿、八仙花和八角金盘等；几何感强的八角金盘、槭树类、龙舌兰等；还有果实带翅膀的槭树、开花如烟的黄栌等具有独特细节的植物（表 22-2）。

表 22-2 雨水花园不同位置适用的草本植物

种植区	适用草本植物
边缘种植区	常见的庭院草本植物均可
缓冲种植区	常夏石竹、黑心菊、剪秋萝、除虫菊、大花山桃草、随意草、蛇目菊、马蔺等
蓄水种植区	金鸡菊、美丽月见草、宿根天人菊、西洋滨菊、大花滨菊、钓钟柳、穗花婆婆纳、蓍草、宿根蓝亚麻、千屈菜、紫松果菊、柳叶马鞭草、马利筋、萱草、黄菖蒲、蓝花鼠尾草、红花鼠尾草、青葙、美人蕉等

虽然下沉庭院的通风不好，但在冬季时也有更好的保温效果，所以可以尝试在下沉庭院中栽植一些临界植物，营造与当地植被类型不同的植物景观，如耐寒性不强的常绿植物八角金盘、芭蕉、棕榈，在北京小气候保护下，也能表现出良好的亚热带的植物景观。此外，还可以充分使用盆栽观叶植物，来增加庭院的现代感和时尚感。但植物不宜过多，乔木不宜超过 1 株，以灌木和草本植物为主，形成疏朗的空间以利通风。此外，应着重选择耐荫和耐半荫的植物。在阴影较多的环境下，应选择花色浅的开花植物，能够看起来清爽、宜人，同时也能提亮庭院（表 22-3）。

表 22-3　适用于现代下沉庭院雨水花园的植物

		中文名	株高（cm）	冠幅（cm）	观赏特征色彩	花期
乔木	1	鸡爪槭	300~750	300~750	叶：绿、黄绿、红等	4~5 月
灌木	1	木槿	200~400	200~300	花：白、紫、红、粉等	7~8（9）月
	2	紫叶黄栌	200~450	200~450	花：粉、紫、红等　叶：紫红	5~6 月
	3	"安娜贝拉"绣球花	90~150	120~180	花：绿、白	6~9 月
	4	八角金盘	50~400	45~300	花：白、黄等　叶：绿、常绿	7~10 月
	5	溲疏类	120~300	120~300	花：白、粉、红、紫等	5~6 月
	6	雪柳（珍珠绣线菊）	60~150	60~150	花：白	4~5 月
草本植物	1	垂盆草	5~15	15~30	花：黄	5~7 月
	2	石蒜类	50~120	45~80	花：红、粉、紫、橙、白、复色等	7~9 月
	3	林荫鼠尾草	30~60	30~60	花：蓝、紫等	5~9 月
	4	金脉美人蕉	45~200	45~180	花：橙、黄、红等	7~9 月
	5	落新妇类	30~150	45~60	花：粉、红、白等	6~9 月
	6	荷包牡丹	60~90	45~75	花：粉、红、白等	4~6 月
	7	千屈菜	60~120	60~120	花：淡紫、粉	7~9 月
	8	萱草	60~75	60~120	花：黄、橙等	5~7 月
盆栽	1	金边龙舌兰	60~180	100~300	叶：金边花叶、常绿	6~8 月（一般很少开花）
	2	常春藤	30~60	90~150	叶：绿、花叶	8~9 月
	3	百子莲类	45~120	30~75	花：蓝、紫、白等	7~8 月
	4	蓝雪花（蓝花丹）	30~100	30~100	花：蓝、紫、白等	12 月~翌年4月；6~9 月

22.4　设计提示

（1）采用台地结构：相比平地来说，台地种植池水分下渗快，不易形成积水；且台地延长了径流的流动路径，从而延长土壤对雨水的吸收时间。在每一层台地的底部设置排水孔，使上层过剩的雨水流入下一层台地，能增强对雨水的净化作用。通过设置台地和排水管的走向，还可以引导雨水的流动方向，以达到集水、蓄水的目的。

（2）减少硬质铺装：硬质铺装会阻碍雨水的下渗，所以在下沉庭院中应避免使用，使雨水落入庭院后尽快渗入土壤。使用硬质铺装的地方，则应选用透水砖。对于必要道路或休憩聚会的空间来说，在铺装时可选择碎砾石或透水砖，还可以选择架高的木栈道或木平台。

（3）利用管道收集屋顶坡面流水：在房檐设置管道，收集屋顶坡面降水，并通过地下管道汇聚至蓄水池或蓄水桶。台地中过剩的雨水也可以通过管道引导至蓄水池或蓄水桶。雨水在蓄水池中沉降后，补充水景用水，或浇灌植物。

（4）土壤设置为多层结构：多层结构的土壤可以净化雨水（图22-5）。

第 23 章
日式庭院
Japanese Courtyard

本案例是一个日式庭院（图 23-1、图 23-2）。

图 23-1　日式庭院的手绘效果图

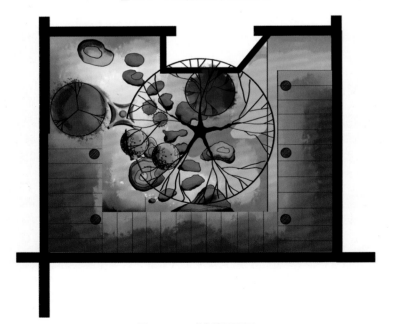

图 23-2　日式庭院平面图

本案例关键设计元素见表 23-1。

表 23-1　日式庭院的关键元素

关键元素	特点
惊鹿	原为放在农田里惊吓和赶走鸟兽的装置。筒里的水装满后，就会落地，"啪"的一声将里面的水倾泻出来
石水盂	盛洗手水的石盆，常出现在日式茶庭，客人入席前，舀一瓢水洗手。有时还会设计成"水琴窟"的形式，利用水滴落在藏于地下的空腔之中发出的清脆声响，增加庭院的趣味
石灯笼	本用于户外照明，现在更多的是作为庭院的装饰装置。
山石、砾石、踏步石	石材是日式庭院中不可或缺的元素，尤其是在小型庭院中，石头还能形成枯山水景观。日式庭院多铺以砾石，并自由摆放一些踏步石作为道路。石头的摆放通常呈奇数，且无论是日式园林的枯山水还是中式园林的水系，都常见"一池三山"或"一池五山"的景象，即象征有仙人居住的东海三座仙山：蓬莱、方丈、瀛洲，以及二座沉没的仙山：岱舆、员峤
竹篱、竹墙	竹子可以编成竹篱装饰墙面，作为庭院的背景，也可以用作庭院四周的围挡，还可以编织成竹门等元素

23.1　日式风格

尽管中式园林和日式园林同根同源，二者最终呈现风貌仍有很大不同（图 23-3）。

狭长岛国的日本，造园时则讲究就地取材、物尽其用。同样是表现山水，日式园林则用沙砾模拟水流，摆放几块石头，大量留白给观者以想象的空间，成为世人津津乐道的枯山水，最终也达到"师法自然，高于自然"的目的。

图 23-3　日式园林（日本京都金阁寺）

小贴士

日式园林物尽其用却渴望精致的生活观在处处都有体现。比如使用竹篱围挡，把看似随意的石头当作踏脚石，用石水盂替代池塘……所以日式庭院营造上具有亲民的特质（图 23-4）。

图 23-4　枯山水与竹篱笆

有人认为日本是世界的终点——所有源自欧亚大陆的文化，到了最东端的日本岛都不会再传播下去，只能沉淀下来。这种沉淀是追求极致、向下深研，使日式庭院在营建过程中"有法有式"。比如日本茶庭中，山石有固定名称和位置，石高和间距都有规定；石灯笼、竹篱，都深研出了各种制式，形成很多流派（图 23-5、图 23-6）。

图 23-5　日式茶庭中必需的蹲踞组合　　　　图 23-6　日式庭院中的石灯笼

日式园林受到佛教影响深。相比艰涩文字，在家造园释法更容易直达禅宗本源，日本庭院亦是修禅的道场。为了让观者更容易顿悟本源、感受禅宗魅力，日式庭院认为庭院之"相"要容易剥离，所以庭院不应该华丽烦琐，而应该朴素节制。而日式庭院就地取材、物尽其用的观念，又与禅宗"自甘浅陋凡庸"的境界契合。

以上三点原因，也形成了日本的"侘寂"美学，即陋外慧中，无须繁华，摒弃装饰，直指本源。这种美学观还体现在日本的茶道、花道等诸多方面，甚至影响了当代的日本设计。引发人们对自我和世界关系的思考，或许是"侘寂"美学的最大意义。

小贴士

与其说是"禅意"，不如用"侘寂"来描述日式庭院更准确。在现代中文的语境中，"禅"字的"滥用"已经引起了人们的思维惰性：即把说不清道不明的东西笼统地归为"禅"。但偏偏"禅"最忌懒惰，若想参悟禅宗，必须静心思考和感受。

23.2　植物选择

日本是中国的邻国，但这并不意味着庭院可以照搬日式庭院中所有的植物。日本属于海洋性气候，比较湿润，而中国大多属于大陆性气候。华东地区的环境与日本最为近似，很多植物可以直接使用。但在华北地区，冬春季节很干旱，是很多植物死亡的关键因素。

日式庭院中会出现各种颜色的常绿植物，有时还会对一些耐修剪的针叶树或灌木进行造型，它们能够为庭院提供相对稳定而静止的色彩。常绿针叶树往往还能构成庭院的骨架，且其苍虬的树姿十分入画，很容易形成画面感。加之它们长寿、永恒的寓意，所以出现频率很高。比较推荐使用的常绿针叶树有铺地柏、日本五针松、油松、蓝粉云杉、蓝冰柏、金叶鹿角桧等。在北京地区阳光不足的环境下，灌木推荐使用铺地柏（小气候保护）和粗榧，两种植物不仅枝叶可爱，在冬季亦能保持常绿；此外还推荐使用大叶黄杨、金叶女贞、小叶黄杨、小叶女贞等耐修剪造型的植物（图 23-7）。

图 23-7　日式庭院中的常绿植物和耐修剪的植物

槭属植物可以说是日式庭院最必备的植物。槭属植物的彩色叶，有常年异色的，亦有仅观秋色的，能给庭院带来很多色彩变化。但无论哪种，都能以其精致的掌状叶片为整个庭院带来禅意。鸡爪槭的各品种是最受日式庭院欢迎的，如红枫、羽毛槭、金叶槭等。此外，还可以使用舞扇槭（又名日本槭），其叶裂可达 11 裂，似羽扇。如果庭院光照特别稀少，建议使用茶条槭，其叶片虽然不是规则的掌状裂，但却是最耐荫的槭树种类之一（图 23-8）。

图 23-8　使用槭树作为日式庭院的主角

不起眼的苔藓可以赋予庭院沧桑感和岁月感，是庭院"侘寂"美学中很重要的组成部分。在日本有以苔藓为主角的"苔园"。但在干燥地区并不适合种植喜湿润的苔藓，可以选择质感类似的垂盆草或佛甲草代替，这两种多肉植物皮实耐活，覆盖能力快，在少光环境中也能够良好生长（图 23-9）。

图 23-9　日式庭院中的苔藓景观（左）以及用垂盆草模拟苔藓的景观（右）

庭院里光照充足处可栽种樱花、紫藤，光照不足处可栽植八仙花、南天竹、桃叶珊瑚、八角金盘、玉簪、紫萼、铃兰、玉竹、蕨类等植物。这些植物都很具有日式韵味。除此之外，为营造禅意的氛围，可选用"菩提树"。除了桑科榕属的菩提树以外，还可以用叶片形状相似的就是心叶椴代替。心叶椴开花时清香四溢，适用于庭院氛围，同时夏季阳光直射时叶片容易焦边，比较适合栽植在中庭，或建筑北侧。此外，华东椴以及掌状叶片硕大的中国七叶树，也是北方常见的代替菩提树的植物（表23-2）。

表23-2　适用于日式庭院的植物

		中文名	株高（cm）	冠幅（cm）	观赏特征色彩	花期
乔木	1	鸡爪槭	300~750	300~750	秋叶：黄、红	4~5月
	2	心叶椴	300~1500	300~1500	花：黄白	7月
	3	舞扇槭（日本槭）	200~400	200~600	秋叶：红	4~5月
	4	七叶树	500~1200	300~1200	花：白	4~5月
灌木	1	南天竹	60~240	60~120	秋叶：强光下叶色变红　果：红	5~7月
	2	粗榧	150~300	150~300	叶：绿，常绿	3~4月
	3	小叶女贞	80~300	80~300	叶：绿，常绿枝叶紧密、圆整	5~7月
	4	八角金盘	50~400	45~300	叶：绿，常绿（叶形奇特）	7~10月
	5	洒金东瀛珊瑚（花叶青木）	50~300	30~200	叶：绿，有金黄色斑点	3~4月
	6	"火焰"卫矛（"密冠"卫矛）	200~300	200~300	秋叶：红	4~5月
草本植物	1	菲白竹	30~45	45~75	叶：常绿、花叶	/
	2	荚果蕨	90~180	15~50	叶：绿	/
	3	玉簪	30~45	45~60	花：白、紫　叶：绿、金边、白边等	8~10月
	4	"黑龙"麦冬	20~30	20~30	叶：黑，常绿	6~8月
	5	顶花板凳果（富贵草）	15~30	30~45	花：白　果：白	4~5月
	6	花菖蒲	60~120	45~60	花：蓝、粉、红、紫、白、复色等	6~7月
	7	箱根草	30~45	30~60	叶：黄绿	7~9月

23.3　设计提示

（1）注意节制： 日式庭院的营造一定要节制，选取的植物种类不宜多，宁缺毋滥，营造舒朗的留白空间。

（2）选用易于控制的小体量植物： 日式庭院的面积不大，颇有"螺丝壳里做道场"的感觉。选择植株时，同种植物以姿态优美、体量较小者为佳，这样才能与小空间环境形成统一。可在植物幼苗阶段牵拉枝条，形成理想的景观构图。

（3）推敲元素与元素之间的关系： 日式庭院为了形成自然的感觉，通常要对庭院元素之间的关系进行仔细推敲，避免元素的方向感之间形成冲突，以形成具有协调感的画面。

第 24 章
屋顶露台的蔬果花园
Edible Garden on the Terrance

本案例是一个屋顶露台的蔬果花园（图 24-1、图 24-2 ）。

图 24-1 屋顶露台的蔬果花园手绘效果图

图 24-2 屋顶露台庭院平面图

本案例中关键设计元素见表 24-1。

表 24-1　露台上的蔬果花园关键元素

关键元素	特点
屋顶廊架	屋顶夏季炎热，可供乘凉的屋顶廊架是很有必要的。此外，屋顶廊架还可供爬藤蔬果攀附，既形成阴凉的空间，又能享用果实
户外吧台	屋顶露台空间小，但依然可以成为聚会空间，一个小小的户外吧台就能成为汇聚人气的元素。户外吧台还可以与储藏柜、水龙头、洗手池、户外座椅等屋顶花园常用的设施结合设计，以节约空间
阳伞、座椅	尽管廊架可以在屋顶形成阴凉的空间，常依附建筑而建，但其覆盖范围有限。故可在视野和风景绝佳的位置，布置一把临时的折叠阳伞和折叠座椅，方便收纳的同时也拓展了聚会空间

24.1　蔬果花园

蔬果花园也叫食材花园，以种植各种蔬菜、果树为主。但蔬果花园与菜田果园最大的不同就在于要具有观赏性，所以也会种植香草、花卉，营造整洁、有趣、好看又好吃的庭院景观。随着基质栽培和容器栽培技术的成熟，在阳台、露台或是屋顶上种植蔬果，成为城市生活的新潮流（图 24-3）。

图 24-3　蔬果花园

24.2　屋顶花园

在建筑物屋顶、阳台、露台上营造的花园，都可以看作屋顶花园。屋顶的环境条件特殊：空气流速较地面快，风大，空气比较干燥，土壤水分易蒸发，且夏季炎热、冬季干冷；但充足的阳光和较地面更大的昼夜温差，也给予植物良好的生长条件，有利于蔬果的养分和风味的积累。

屋顶的蔬果花园给人们提供了就近享受最新鲜、健康蔬果食物的机会，还能美化居住环境，缓解人们的压力。轻微的园艺劳动也具有保健效果，带给人成就感和满足感。屋顶绿化也可以对建筑产生降温效果，对于建筑节能和城市生态来说亦有裨益（图 24-4）。

图 24-4　纽约曼哈顿高线公园

24.3　植物选择

蔬果花园中，可以利用各种蔬菜、果树和香草，打造一个缤纷多彩的可观赏兼可食用的花园。

蔬菜，比如宝塔菜的叶片呈蓝灰色，硕大的叶片包裹着一个严格符合斐波那契排列、似宝塔一样的黄绿色花球，让它从众多平凡的蔬菜中一下子跳脱出来。芦笋长大抽叶后，其叶片细长婀娜，随风摇曳，与它同属（天门冬属）的另一种观赏植物文竹很类似。很多葱属植物具有较高观赏价值的同时亦可食用，如沙葱等。此外，各种葫芦科蔬菜（各种瓜类蔬果，如丝瓜、苦瓜、南瓜、西瓜等）的花朵可爱，也可以攀爬成篱笆或藤架，能给庭院带来生活气息。

至于果树，应选用花果兼赏的果树。但考虑到屋顶的承重，在此推荐体量小、花朵奇特的果树——蓝莓。蓝莓在大兴安岭中就有野生分布，生长在松林下的酸性土壤中，习性耐寒。它开花时具有杜鹃花成簇的特点，但却似铃兰一般下垂，像一串白色的灯笼，惹人喜爱（表 24-2）。

表 24-2　适用于阳台上的蔬果花园的植物

		中文名	株高	冠幅	观赏特征色彩	花期
藤本	1	葡萄	100~300	100~300	花：黄绿	4~5 月
	2	狗枣猕猴桃	450~600	200~400	花：白	5 月
	3	木通	600~1200	200~300	花：雌花紫褐色，雄花粉色	4~5 月
蔬菜、香草植物	1	罗勒	20~80	20~80	花：白、紫、粉	7~9 月
	2	紫苏	30~200	30~100	花：白、粉、紫　叶：紫红、绿	8~12 月
	3	薄荷	10~50	30~100	花：白、粉、紫	7~8 月
	4	藿香	60~120	45~60	花：粉、紫、白等　叶：绿、黄绿	6~9 月
	5	芦笋（石刁柏）	90~120	45~60	花：黄白	5~6 月
	6	宝塔菜（罗马花椰菜）	30~60	30~60	花：黄绿	4 月
	7	油菜（青菜）	15~30	30~45	花：黄	4 月
	8	生菜	15~30	15~30	花：黄	2~9 月
	9	西红柿	90~180	60~90	花：黄　果：红	6~9 月
	10	土豆	30~45	30~45	花：白、浅紫	6~7 月
	11	胡萝卜	75~90	75~90	花：白	5~7 月
	12	丝瓜	120~180	30~45	花：黄	6~7 月
	13	虾夷葱（北葱）	30~45	30~45	花：粉、紫	4~5 月
盆栽果木、花卉	1	笃斯越橘（蓝莓）	100~240	100~240	花：白绿　果：蓝黑	6 月
	2	菲油果	100~450	100~450	花：粉、白	5~6 月
	3	柠檬	100~600	100~450	花：白	4~5 月
	4	芭蕉	180~420	180~420	花：淡黄　叶：绿、紫红	7~12 月（华南地区）

24.4　设计提示

（1）使用种植池和栽培基质种植：这种方式不必做全屋面的防水、阻根、覆土处理，只需要在使用种植池的位置局部处理即可。还能降低屋顶的荷载，同时增加种植土壤的深度。整齐的种植池不仅容易维持整洁，还有利于自动喷灌设施的铺设，在每个种植池中安装一个喷头，阳台或屋顶花园就能自动定时灌溉。此外，合适的种植池高度十分方便栽植，减少弯腰动作幅度。

（2）利用木质平台，遮挡园艺设施：利用木质平台架空屋顶中部分场地，不仅能够给场地的地形带来变化，将屋顶明显划分为两个功能区，还能遮挡排水板、排水管、喷灌管道等设施。

（3）利用屋顶广阔的视野：在屋顶上，可以把远山或是城市的风光引入庭院之中，不要遮挡远方的风景，这样能够让屋顶花园更具吸引力。

（4）慎重栽植乔木和灌木：大乔木栽植在屋顶之上，因树大招风，易形成安全隐患。栽植灌木和小乔木时，使用容器栽培会更方便管理。

参考文献

[1] M A 霍尔 . 植物结构、功能和适应 [M]. 姚壁君，译 . 北京：科学出版社，1987.

[2] Stefan Körner, Beilin-Harder F, Huxmann N. Richard Hansen and modern planting design[J]. Journal of Landscape Architecture, 2016 (1) :18—29.

[3] 陈耀东，马欣堂，杜玉芬，等 . 中国水生植物 [M]. 郑州：河南科学技术出版社，2012.

[4] 陈有民 . 园林树木学 [M]. 2 版 . 北京：中国林业出版社，2011.

[5] 刘燕 . 园林花卉学 [M]. 北京：中国林业出版社，2009.

[6] 陆时万，徐祥生，沈敏健 . 植物学：上册 [M]. 北京：高等教育出版社，1991.

[7] 彭一刚 . 中国古典园林分析 [M]. 北京：中国建筑工业出版社，1986.

[8] 西尔弗顿 . 植物种群生态学导论 [M]. 祝宁，王义弘，陈文斌，译 . 哈尔滨：东北林业大学出版社，1987.

[9] 秋元通明 . 作庭记：自然式庭院设计法则 [M]. 陈靖远，译 . 武汉：华中科技大学出版社，2016.

[10] 哈里斯 . 图解植物学词典 [M]. 王宇飞，赵良成，冯广平，等译 . 北京：科学出版社，2001.

[11] 张天麟 . 园林树木 1600 种 [M]. 北京：中国建筑工业出版社，2010.

[12] 中国科学院中国植物志编辑委员会 . 中国植物志 [M]. 北京：科学出版社，1999.

[13] 俞仲辂，周国宁 . 球根花卉和观叶植物栽培 [M]. 上海：上海科学技术出版社，2001.